2021

国际农业科技动态

◎ 李凌云　张晓静　赵静娟　等　编译

中国农业科学技术出版社

图书在版编目（CIP）数据

2021 国际农业科技动态 / 李凌云等编译 . -- 北京：
中国农业科学技术出版社，2022.10
ISBN 978-7-5116-5927-9

Ⅰ. ① 2… Ⅱ. ① 李… Ⅲ. ① 农业技术－概况－世界
－ 2021 Ⅳ. ① S-11

中国版本图书馆 CIP 数据核字（2022）第 174316 号

责任编辑 于建慧
责任校对 王 彦
责任印制 姜义伟 王思文

出 版 者 中国农业科学技术出版社
　　　　　北京市中关村南大街 12 号 　邮编：100081
电 　 话 （010）82109708（编辑室） （010）82109702（发行部）
　　　　　（010）82109709（读者服务部）
传 　 真 （010）82106650
网 　 址 https://castp.caas.cn
经 销 者 各地新华书店
印 刷 者 北京中科印刷有限公司
开 　 本 170 mm×240 mm 　1/16
印 　 张 11.25
字 　 数 186 千字
版 　 次 2022 年 10 月第 1 版 　2022 年 10 月第 1 次印刷
定 　 价 80.00 元

《2021国际农业科技动态》
编译人员

主 编 译：李凌云　　张晓静　　赵静娟
编译成员：郑怀国　　龚　晶　　王爱玲
　　　　　串丽敏　　颜志辉　　贾　倩
　　　　　秦晓婧　　张　辉　　齐世杰
　　　　　李　楠　　祁　冉

前　言

　　农业是人类赖以生存的产业。科技是推动农业发展的决定性力量。当今全球人口不断增长，对粮食需求持续增加，同时还面临着全球水资源短缺、气候变化等不利因素的挑战。应对这些挑战，在很大程度上需要依靠科技进步。

　　为持续跟踪国际农业科技动态，北京市农林科学院推出了微信公众号"农科智库"，持续跟踪监测国内外知名农业网站的最新科技新闻报道，从海量资讯中挑选价值较高的资讯，经情报研究人员编译后，通过"农科智库"微信公众号向科技人员进行推送，以期为科技人员了解相关农业学科或领域的研究动态提供及时、有效的帮助。为进一步发挥资讯的科研参考价值，现将2021年"农科智库"平台发布的159条资讯进行归类整理，以飨读者。

　　这些资讯既包括遗传育种、植物保护、动物医学等学科，也涵盖了资源环境、智慧农业、政策监管、产业发展等领域。为方便读者查阅，本书本着实用性原则对资讯进行了简单归类。归类的原则有二，一是学科与领域相结合的原则，即尽可能按照学科进行分类，但又不完全按照学科或领域进行分类；二是学科或领域靠近原则，即资讯内容若涉及多个学科或领域，则归类到最靠近的学科或领域。

　　将资讯归类整理后，大致可以发现2021年国际农业科技研究热点主要集中在"基因挖掘""生物技术""植物育种""动物育种""食品科学"和"智慧农业"等方面。此外，还为读者提供了欧美等农业科技发达国家、地区的农业政策监管、规划项目和生物技术年度报告，从中也可以捕捉和了解农业领域的科研动向。

需要说明的是，由于采用了学科与领域相结合的分类原则，因此，分类可能存在范围交叉与重叠的现象。本书资讯分类在兼顾科学性的基础上，更注重实用性。由于时间和水平有限，错误与疏漏之处在所难免，还请广大读者批评指正。

编译者

2022 年 6 月于北京

目　录

基因挖掘

生物技术

植物育种

植物保护

动物育种

动物营养与饲料

动物疾病防治

资源环境与农产品安全

食品科学

智慧农业

政策监管

规划与项目

产业发展

生物技术年报及分析

基因挖掘

美国植物生物学家揭示玉米发育中的遗传模式

美国康奈尔大学农业和生命科学学院综合植物科学学院（School of Integrative Plant Science, Cornell CALS）开展研究，揭示了玉米干细胞基因表达模式在指导茎发育过程中作用。其研究成果"Plant stem-cell organization and differentiation at single-cell resolution"以论文的形式于 2020 年 12 月 29 日发表在《美国国家科学院院刊》（*Proceedings of the National Academy of Sciences*）上。

在植物发育的早期阶段，细胞被赋予特定的功能，它们以高度有序的方式生长。成株植物地上部分的所有细胞、器官和组织都存在于一个干细胞池中，干细胞池存在于一种称为茎尖分生组织（SAM）的结构中。

植物在 SAMs 中保持多能干细胞（pluripotent stem cells）的种群，这些细胞不断产生新的地上器官。研究人员利用单细胞 RNA 测序（scRNA-seq）来实现玉米芽干细胞生态位及其分化细胞后代转录景观的无偏表征。位于 SAM 尖端的干细胞参与基因组完整性的维持，并表现出较低的细胞分裂率，这与它们对种系和体细胞命运的贡献一致。研究人员还利用轨迹推断追踪了伴随细胞分化的基因表达变化，结果表明 KNOTTED1（KN1）的异位表达加速了细胞分化，促进了玉米叶鞘基部的发育。这些对茎尖的单细胞转录组学分析有助于深入了解玉米幼苗中干细胞功能和细胞命运获得的过程，并为在细胞水平上更好地剖析植物茎形态发生的遗传控制提供有价值的支撑。

2020 年，美国国家科学基金会（NSF）的植物基因组研究项目向该课题负责人提供了一笔为期 5 年、价值 180 万美元的资助，用于研究玉米发育的基本机制。

来源：Cornell CALS

中国科学家成功鉴定水稻氮高效基因

2021 年 1 月 6 号，《自然》（*Nature*）在线发表了来自中国科学院遗传与发育生物学研究所储成才研究团队题为"Genomic basis of geographical adaptation to soil nitrogen in rice"的研究论文，这项研究表明，水稻的氮利用效率的遗传基础与当地土壤的适应性相关，揭示了氮素调控水稻分蘖发育过程的分子基础。这项研究是该领域里程碑式的工作进展，为未来培育施氮少而高产的水稻奠定了基础。

该研究团队通过对过去100年间收集于全球不同地理区域52个国家（地区）的110份早期水稻农家种在不同氮肥条件下进行全面的农艺性状鉴定，发现水稻分蘖（分枝）氮响应能力与氮肥利用效率变异间存在高度关联。

研究团队利用全基因组关联分析结合多重组学技术鉴定到一个水稻氮高效基因 *OsTCP19*，它可以作为关键调控因子调控水稻分蘖。进一步研究发现，*OsTCP19* 上游调控区一小段核酸片段（29-bp）的缺失与否是不同水稻品种分蘖氮响应差异的主要原因。

研究人员指出，最新鉴定的氮高效基因其氮高效类型 *OsTCP19-H* 在起源于贫瘠土壤的品种中富集，而现代栽培种大多丢失。氮高效类型 *OsTCP19-H* 在水稻品种中出现的频率与稻田土壤氮含量呈显著负相关，并且野生稻中90%以上为氮高效基因型，暗示其贡献了水稻对低土壤肥力地区的地理适应性，且在水稻驯化过程中在低肥地区得到保留。研究团队将 *OsTCP19-H* 导入现代水稻品种，在减氮水平下可以提高氮肥利用效率20%～30%，结果表明，该基因在农业绿色发展领域有重要应用潜力。

来源：中国科学院

在植物中发现第一个能够改变细胞命运的"先驱"因子

近期，在《自然—通讯》（*Nature Communications*）上发表的一项新研究中，美国宾夕法尼亚大学（University of Pennsylvania）的生物学家鉴定出1种蛋白质，它能让植物细胞接触到一些原本无法接触到的基因。这种被称为"先驱转录因子"的叶状蛋白质在染色质束（chromatin bundle）的特定部分立足，放松结构并吸收其他蛋白，最终使基因首先被转录成RNA，然后被翻译成蛋白。该研究由美国国家科学基金综合生物系统部资助。

在多细胞真核生物中，主效转录因子可重编程细胞命运。先驱转录因子能够在闭合的染色质中接触到配对的结合基序，因而在该过程中具有十分突出的作用。重编程在植物中十分普遍，植物的发育具有高度可塑性，并且受到环境的精细调控，然而研究人员对于先驱转录因子在植物中的作用还知之甚少。在这项研究中，研究人员发现通过上调成花基因 *AP1* 的表达可以促进成花转变的主效转录因子 LFY，是一个先驱转录因子。体外试验中，LFY 能够结合到已经组装进核小体的内源 *AP1* 靶位点 DNA 上。体内试验中，LFY 在大多数能够结合的靶位点上，均与核小体占据的结合位点相关联，其中就包括 *AP1*。一旦结合上，LFY 就会通过置换 H1 连接组蛋白和招募 SWI/SNF 染色质重塑因子，从而局部"解锁"染色质，但是染色质更加广泛的变化要迟一点。这项研究为花序结构的模式化提供了一个机制框架，同时揭示了 LFY 和动物先驱转录因子之间的惊人相似之处。

来源：Nature

印度筛选出提高水稻氮肥利用率的候选基因

印度生物技术学家已于近期确定了提高水稻氮肥利用率的候选基因，这是对作物改良的一次重大推动，将在肥料购买以及氮污染治理上节省数十亿美元。新德里古鲁·戈宾·辛格因德拉普拉萨大学生物技术学院（The School of Biotechnology, Guru Gobind Singh Indraprastha University）的研究人员通过对影响水稻产量和氮素响应的相关基因的 Meta 分析，发现了水稻氮肥利用率的染色体位点、关键过程和候选基因。研究结果发表在国际期刊《植物科学前沿》（*Frontiers in Plant Science*）上。该项目由英国研究与创新基金会（GCRF-SANH）资助。

研究人员指出，印度有可能正在成为全球水和空气中氮污染最严重的国家之一。解决这一问题的一种方法是作物改良，另一种方法是改良肥料配方和种植方法。根据印度对氮素的评估，由于水稻的氮肥利用率最低，水稻的氮肥消耗量占印度氮肥消耗总量的 37%，为所有作物最高。因此，水稻是进行作物改良进而减少氮消耗的理想目标作物，但主要的挑战是缺乏已确定的或可预测的用于作物改良的目标基因。

氮肥利用率由诸多基因控制。研究人员分析了超过 16 600 个基因，利用一系列的遗传和生物信息学工具筛选出 62 个候选基因，然后利用机器学习工具，进一步将范围缩小到 6 个高优先级的目标基因，最后确定对于提高作物氮肥利用率非常重要的候选基因。

来源：Down To Earth

新基因组研究帮助科学家解决玉米遗传学难题

近期，发表在《科学》(*Science*)上的一篇文章详细介绍了 26 个玉米基因组的图谱，将这些新的基因组作为参考，植物科学家可以更好地选择基因，从而培育出高产或具有抗逆性优势的作物新品种。这项研究由美国国家科学基金会植物基因组研究计划（National Science Foundation Plant Genome Research Program）资助。

玉米的遗传多样性为新基因组的组装制造了重大障碍。研究人员指出，85% 的玉米基因组是由转座因子组成的，或是在整个基因组中重复的模式。如果将这些转座因子比作拼图，其中绝大部分都是单一颜色。所有这些重复使研究人员很难弄清楚各个部分是如何组合在一起的。

这项新研究绘制的 26 个玉米基因组包含了广泛的遗传多样性，从爆裂玉米到甜玉米，再到来自不同地理和环境条件的大田玉米品种。研究中所使用的新测序技术可以读取更长的序列，这意味着拼图的碎片更大，有可能包含更多便于正确排列它们的线索。新技术甚至可以组装一个泛基因组，或一个包含玉米所有多样性的基因组参考，为研究人员提供了更多的参考数据，使他们能够结合玉米遗传学，寻找可能帮助培育优良作物品种的基因。

这篇论文共有 46 位作者，分别来自爱荷华州立大学 Hufford 实验室和 Jianming Yu 实验室、美国农业部资助的基因组数据库 MaizeGDB、乔治亚大学首席研究员 Kelly Dawe 的团队、美国农业部 Doreen Ware 的团队、纽约冷泉港实验室和明尼苏达大学的 Candice Hirsch 小组。

来源：Iowa State University

中外研究团队合作揭示番茄成熟调控新机制

近日，英国牛津大学植物科学系 Paul Jarvis 研究组与中国科学院分子植物科学卓越创新中心凌祺桦研究组合作在《自然—植物》（*Nature Plants*）上发表了题为 "The CHLORAD pathway controls chromoplast development and fruit ripening in tomato" 的研究论文，揭示了有色体在番茄果实成熟过程中的重要作用，并解析了 CHLORAD（Chloroplast-Associated Protein Degradation）途径调控叶绿体向有色体转化过程中的作用机制。该研究得到了英国 BBSRC 和中国科学院先导专项等项目资助。

该研究发现，在番茄中下调 *SP1* 或其同源基因 *SPL2* 导致果实成熟延迟，而过表达 *SP1* 导致果实成熟提前。通过透射电镜观察显示，*SP1* 表达量的改变影响了番茄果实成熟过程中叶绿体向有色体转变的发育进程。进一步研究证明，*SP1* 调控了质体转变过程中 TOC 及有色体特异性蛋白的丰度变化，进而促进叶绿体向有色体转化，促使果实成熟过程中果实硬度、基因表达、代谢水平发生广泛变化。这表明 CHLORAD 系统可调控有色体发育和果实成熟。此外，研究还发现 *SP1* 和 *SPL2* 能够调节番茄叶片的衰老速度，揭示了 CHLORAD 系统在植物中功能的保守性。该研究将为番茄等果实类作物耐贮性等品质的改良提供理论依据。

来源：BioArt 植物

新研究揭示了控制禽类性别的基因

近期，英国罗斯林研究所（Roslin Institute）、弗朗西斯·克里克研究所（Francis Crick Institute）和国家鸟类研究机构（National Avian Research Facility）的科学家发现了一种决定禽类是发育睾丸还是卵巢的基因，这一发现明确了鸟类和哺乳类动物在生物学上的一个关键区别，与哺乳动物不同，禽类的性发育是由体内单个细胞决定的，而非性腺激素。这种基因名为 *DMRT1*，控制着禽类性腺的发育，但并不能决定禽类其他的性别特征（如身体外观）。研究人员在雄性鸡胚中使用基因组编辑技术删除了 1 个与性别决定有关的基因拷贝，发现该雏鸡发育出了卵巢而保留了雄性的身体特征（如体型和雄性羽毛样式）且不产卵。研究还表明，雌激素在决定禽类是发育卵巢还是睾丸方面起着关键作用，并控制着 *DMRT1* 基因的活性。这项研究可为鸡的早期性别鉴定提供新的方法，从而防止雄性卵的孵化。还可为生产卵巢功能正常的性反转鸡提供帮助。该研究发表于《美国国家科学院院刊》（*Proceedings of the National Academy of Sciences*）上。

来源：The University of Edinburgh

绵羊DNA的遗传变异频率与降水具有更强关联

英国罗斯林研究所（Roslin Institute）和热带家畜遗传研究所（Centre for Tropical Livestock Genetics and Health）等通过分析埃塞俄比亚不同地区的土著绵羊的 DNA 来分析环境因素对绵羊 DNA 变异的影响，从而为热带国家的绵羊育种和管理战略提供科研支持。研究表明，绵羊 DNA 的遗传变异与降水水平呈显著相关性，与温度或海拔的相关性较弱。在这项基于单一国家的最大规模的研究中，研究人员对埃塞俄比亚 12 个不同地区 94 只绵羊的基因组进行分析，发现它们 DNA 的特定片段中有 300 多万个微小差异。他们收集了这些区域的海拔、温度和降水量数据，并测量各种环境条件下绵羊发生这些基因变异的次数。研究发现，与温度或海拔相比，这些遗传变异的频率和降水水平之间有更强的关联，表明降雨是埃塞俄比亚绵羊遗传适应的更重要的环境驱动力。该研究得到英国生物科技研究委员会、比尔和梅琳达·盖茨基金会以及英国外交联邦和发展办公室的资助和支持，研究成果发表在《基因组生物学与进化》（*Genome Biology and Evolution*）上，论文题名为 "Whole-genome sequence data suggest environmental adaptation of ethiopian sheep populations"。

来源：The University of Edinburgh

发现影响肉鸡产肉和脂肪沉积的关键基因

　　华南农业大学动物科学学院家禽遗传育种研究团队发现了一个可影响肉鸡产肉和脂肪沉积的关键基因 TMEM182，并对该基因的作用机制进行了详细解析。该研究成果是肉鸡产肉性状遗传调控领域的一项突破性成果，于近日发表在国际知名医学期刊《Journal of Cachexia, Sarcopenia and Muscle》上。

　　该研究发现跨膜蛋白 TMEM182 特异表达于鸡肌肉和脂肪中，而肌肉和脂肪是肉鸡生产和销售中最受关注的两种组织。该研究利用体内和体外试验证明 TMEM182 可抑制肌纤维的形成（再生）并显著影响体重、肌肉重、肌纤维数量和肌纤维直径。分子机理方面，TMEM182 通过与 integrin β1 互作，影响 integrin β1 与细胞外基质的联系，阻碍胞内外间的信号传导，最终抑制肌细胞的分化和融合。此外，基于 TMEM182 肌肉和脂肪组织特异表达的特点，该研究还发现其参与脂肪沉积过程。该研究成果发现了一个能同时影响肉鸡成脂成肌、调控肉鸡产肉和脂肪沉积两个重要经济性状的关键基因，为培育低脂块大肉鸡提供了重要候选靶标。

来源：华南农业大学

生物技术

研究发现TALEN在编辑异染色质目标位点方面优于Cas9

　　基因组编辑严重依赖于对目标位点的选择性识别。然而，在细胞染色质环境中，基因组编辑蛋白的潜在搜索机制尚未清晰。伊利诺伊大学厄巴纳 - 香槟分校（University of Illinois Urbana-Champaign）的研究人员利用活细胞单分子成像技术比较了基因组编辑工具 CRISPR/Cas9 和 TALEN 的表现，并将结果发表在《自然》（*Nature*）上。对基因组编辑蛋白的单分子成像显示，Cas9 在异染色质中的使用效率低于 TALEN，因为 Cas9 会被这些区域的非特异性位点的局部搜索所阻碍。与 Cas9 相比，TALEN 在异染色质区域的编辑效率高出 5 倍。

　　研究结果表明，在异染色质的应用上，TALEN 是比 Cas9 更有效的基因编辑工具。这项工作获得美国国立卫生研究院和国家科学基金会的支持。

来源：The University of Illinois Urbana-Champaign

美国研究人员发明了新的基因编辑工具

　　近期，美国伊利诺伊大学芝加哥分校（University of Illinois Chicago）的研究人员发现新的基因编辑技术，这种技术允许对一段时间内的连续切割或编辑进行顺序编程。研究结果发表在《分子细胞》（*Molecular Cell*）上。

　　目前，基于 CRISPR 的编辑系统的缺点是所有的编辑或剪切都是一次完成的，不能有效地与时间因素配合使用。

　　研究人员使用一种称为导向 RNA 的特殊分子，在细胞内传递 Cas9 酶，并确定 Cas9 切割的精确 DNA 序列。他们称这种特殊设计的导向 RNA（sgRNA）分子为"proGuides"，这种分子允许使用 Cas9 对 DNA 进行程序化的顺序编辑。也就是说，可以对 Cas9 在多个位点的顺序激活进行预先编程，产生一个顺序遗传操作的算法程序，而不需要工程细胞类型特异性启动子或基因调控序列。该成果为生物研究和基因工程引入了一种新的工具。

来源：The University of Illinois Chicago

利用CRISPR-Cas12a新型变体提高基因编辑的有效性

近期，美国马里兰大学（University of Maryland）和中国电子科技大学的研究人员合作确定了6种对水稻具有较高编辑活性的CRISPR-Cas12a基因座，扩大了Cas12a的靶向范围，可同时对植物基因组中的多个位点进行靶向基因编辑，以提高水稻的产量和抗病性。该Cas12a系统具有近100%的双等位基因编辑效率，能够在水稻中定位多达16个位点。这是迄今为止利用Cas12a对植物进行多重编辑的最高水平。

CRISPR-Cas12a是一种具有很好发展前景的基因组编辑系统，可用于靶向富含AT的基因组区域。研究小组为扩大Cas12a的靶向范围，筛选了9种尚未在植物中证实的Cas12a直系同源基因，鉴定了6种在水稻中具有较高编辑活性的序列。其中，Mb2Cas12a具有很高的编辑效率和低温耐受性，工程化的Mb2Cas12a RVRR变体可以在水稻中以更宽松的PAM要求进行编辑，其基因组覆盖率是野生型SpCas9的2倍。研究小组比较了12个多重Cas12a系统，并确定了1种有效的系统具有近100%的双等位基因编辑效率，能够在水稻中靶向定位多达16个位点。研究人员还开发了2个紧凑的单转录单位CRISPR-Cas12a干扰系统，用于水稻和拟南芥中的多基因抑制。该研究成果发表在《自然—通讯》（Nature Communications）上。

来源：ISAAA

美国研发出CRISPR 3.0系统可在植物中实现多重基因激活

美国马里兰大学（University of Maryland）戚益平团队开发了CRISPR-Act3.0基因编辑技术（CRISPR 3.0），能够在植物中实现多重基因激活。激活基因以获得功能增益，对于创造更好的植物尤其是农作物具有重要意义。CRISPR 3.0系统的激活能力是目前最先进的CRISPR激活技术的4～6倍，并且可同时高精度、高效率地激活多达7个基因。虽然CRISPR以其基因编辑能力而闻名，可以敲除不需要的基因，但激活基因以获得需要的功能对于培育更好的植物和作物至关重要。研究团队已经在水稻、番茄和拟南芥中应用了 CRISPR 3.0 系统，试验结果表明，CRISPR-Act 3.0 可以同时激活多种基因，包括加快开花速度以加快育种过程的基因。这项研究由美国国家科学基金会资助，发表在《自然—植物》(*Nature Plants*) 上。这一更加精简的多路激活技术能够更有效和高效地激活重要基因，具有重要的应用价值，是植物育种领域的重大突破。

来源：The University of Maryland

新工具Repair-seq可用于改进CRISPR基因编辑

美国顶级科研院所合力提升 CRISPR 基因编辑技术发展前景。在一项新的研究中，美国普林斯顿大学 (Princeton University)、麻省理工学院 (Massachusetts Institute of Technology) 等机构的科研人员发现一种改进基因编辑技术的新方法，名为 Repair-seq，它详细揭示了基因组编辑工具的工作机制，能够使研究人员快速了解到参与修复 DNA 损伤的不同基因，及其对于基因组编辑技术效率和准确性的影响。相关研究结果发表在《细胞》(*Cell*) 和《自然—生物技术》(*Nature Biotechnology*) 上。Repair-seq 允许人们通过同时分析数百个基因如何影响在受损部位产生的突变，来探测这些途径对修复特定 DNA 损伤的贡献。此外，研究团队还开发了一种名为"引导编辑 (prime editing)"的基因组编辑系统。这项研究得到了美国国立卫生研究院、普林斯顿 QCB 培训拨款、Merkin 医疗保健变革技术研究所、Loulou 基金会以及比尔和梅琳达·盖茨基金会等机构的支持。

来源：Princeton University

古巴利用核技术开发番茄和大豆新品种

在国际原子能机构的帮助下，古巴国家农业科学研究所 (INCA) 与联合国粮食及农业组织 (FAO) 合作，一直在实施利用辐照和生物技术的育种计划，开发能够更好地应对气候变化带来的极端生长条件的新品种。5月古巴在研究试验田首次成功收获了改良的番茄和大豆新品种（'Giron 50'和'Cuvin 22'）。这两个品种将与该研究所之前开发的水稻、绿豆和玫瑰茄等多种作物的其他 21 个品种一起被分发给农民。这些新品种今年已获得国家许可，随后在由联合国粮食及农业组织与国际原子能机构粮食和农业核技术联合中心管理的全球数据库中注册。

当需要在快速转变的情况下进行遗传改良以开发新品种时，例如在气候变化加速的情况下，用于诱导遗传多样性的核技术提供了比传统育种方法更多的选择，可以更好、更快地进行育种选择。与简化的育种计划相结合，有可能在短时间内提供改良品种。在原子能机构技术合作计划的支持下，核技术已被用于开发具有适应气候变化所需性状的许多作物品种，包括水稻、豆类和番茄。

来源：IAEA

2021年度全球基因组编辑技术研究重大进展

作为全球最瞩目的革命性生物技术，基因组编辑技术具备稳定、高效、应用广泛等特点，在农业生物技术和生物医学等多个领域迅速发展。本文以科睿唯安（Clarivate）的科学引文索引数据库（SCI）为数据源，构建检索式，检索到 2021 年在权威期刊发表的基因组编辑技术相关论文 237 篇，再以突破性、行业价值、应用范围等为标准，经情报专家筛选和领域专家判读，遴选出 2021 年度全球基因组编辑九大研究方向中具代表性的研究成果，形成 2021 年度本领域重大进展总结。

一、引导编辑技术优化与新应用

引导编辑技术（Prime Editing，PE）无需额外的 DNA 模板便可有效实现所有 12 种单碱基的自由转换，且能有效实现多碱基的精准插入与删除，这一近乎全能性的工具为基因编辑领域带来了重大变革。自 2019 年问世以来，由于其操作简便、灵活性高和编辑精准，得到广泛关注，但该技术仍然存在效率较低的问题。2021 年，国内外前沿实验室通过细胞增效因子筛选、sgRNA

模板设计、多策略协同效应等方法，进一步提升了引导编辑技术的效率，并拓展了引导编辑技术在大片段基因删除和替换中的应用。

美国哈佛大学 David Liu（刘如谦）实验室与普林斯顿大学 Britt Adamso 实验室合作开发出的 PE 升级版本 PE4/PE4max 以及 PE5/PE5max 为疾病的基因治疗提供了更加强大的工具。研究借助 CRISPRi 筛选，对影响 PE 编辑效率的内源性细胞因子进行了组学筛选和系统分析，发现抑制 DNA 错配修复（MMR）通路可有效增强 PE 基因编辑的效率和准确性。研究者还通过优化 PE 系统融合蛋白的整体结构和模板中的沉默碱基进一步提升了 PE 的基因编辑效率。该研究成果于 2021 年 10 月 14 日发表在《细胞》（Cell）上。

中国科学院遗传与发育研究所高彩霞研究组与李家洋研究组合作开发了高效设计 pegRNA 以提高植物 PE 效率的新策略。将 PE 效率从 2.9% 提高到 17.4%，并通过在线软件简化了植物高效 pegRNA 的设计过程，为实现植物基因功能研究和作物分子育种提供了更有效的新路径。该研究成果于 2021 年 3 月 25 日发表在《自然—生物技术》（Nature Biotechnology）上。

北京市农林科学院杨进孝、赵久然团队联合北京大学等单位，发现多种 PE 增效新策略及协同效应，实现了玉米和水稻 PE 效率平均可提高 3 倍，在多个低效靶点上甚至提高 10 倍以上，并在人细胞中进行了验证。该研究不仅首次发现引入同义错配碱基可以提升植物 PE 的效率，并确证了 N 端融合逆转录酶比 C 端融合更有利于植物的逆转录过程。而将"同义错配碱基引入"与"N 端融合"策略组合在一起时，还具有倍增协同效应，可获得更高的植物 PE。这一全新发现为植物基因组功能解析和作物精准育种提供了强有力的技术支撑。该研究成果于 2021 年 12 月 23 日发表在《自然—植物》（Nature Plants）上。

北京大学生命科学学院、北大－清华生命科学联合中心伊成器教授课题组开发了人源细胞中基于双 pegRNA 的高效 PE 新策略。该研究利用双 pegRNA 策略，通过在多个内源位点及不同细胞系上的验证，证实 HOPE 策略可提供效率与精准度高度平衡的 PE 新选择。这一新工具拓宽了 PE 的基础研究和治疗应用范围。该研究成果于 2021 年 10 月 28 日发表在《自然—化学生物学》（Nature Chemical Biology）上。

马萨诸塞大学的薛文教授课题组和华盛顿大学西雅图分校 Jay Shendure

实验室开发出新一代基因组编辑器，能够纠正目前较难实现的大片段基因组删除突变。薛文教授课题组的 PEDAR（PE-Cas9-based deletion and repair）和 Jay Shendure 实验室的 PRIME-Del 方法都是基于引导编辑技术（prime editing）的延伸，利用双 sgRNA 设计用于删除指定的大片段基因序列，且不影响基因组的完整性，这种新技术比传统的 Cas9 方法更加精准，因此具有应用于基因治疗领域的潜力，并可用于蛋白质功能研究。两项研究成果于 2021 年 10 月 14 日以背靠背的形式发表在《自然—生物技术》（*Nature Biotechnology*）上。

美国哈佛大学 David Liu 实验室对 PE 的应用做了进一步的拓展，通过改造 PE 技术，成功的拓展了其应用场景。利用配对的 pegRNAs，研究者设计出 TwinPE 策略，在大片段 DNA 的替换和删除方面具有优势。将 TwinPE 与位点特异性整合酶 Bxb1 联合，更可以实现外源大片段 DNA（5.6kb）的定点整合和超大片段基因组 DNA（40kb）的倒置。TwinPE 策略的出现让人类遗传病的基因治疗有了更多选择，也为大片段 DNA 的功能研究以及染色体结构变异相关的疾病模型构建提供了新的工具。该研究成果于 2021 年 12 月 13 日发表在《自然—生物技术》（*Nature Biotechnology*）上。

二、碱基编辑技术新突破

单碱基突变占据了人类已知的致病基因突变的一半以上，在作物优异等位基因的形成中也起着关键作用。碱基编辑器（Base Editor）是由可编程 DNA 结合蛋白与碱基修饰酶融合，在不导致 DNA 双链断裂的情况下，实现精确修改基因组中的单个碱基。目前比较成功的主要有两种碱基编辑器：胞嘧啶碱基编辑器（CBE），能够将 $C \cdot G$ 转换为 $T \cdot A$，以及腺嘌呤碱基编辑器（ABE），能够将 $A \cdot T$ 转换为 $G \cdot C$。然而，对于 $C \cdot G$ 到 $G \cdot C$ 的碱基颠换突变，尚不能实现。

美国哈佛大学 David Liu 等研究人员利用机器学习模型相结合，开发出工程化 $C \cdot G$ 到 $G \cdot C$ 碱基编辑器（CGBEs），首次实现了高效的 $C \cdot G$ 到 $G \cdot C$ 碱基编辑。研究人员进行了针对 DNA 修复基因的 CRISPR 干扰（CRISPRi）组学筛选，以确定影响 $C \cdot G$ 到 $G \cdot C$ 编辑结果的因素，并利用这些信息开发了 CGBEs。这些 CGBEs 能够以 ＞ 90% 的精度（平均 96%）和高达 70%

的效率（平均 14%）校正 546 个与疾病相关的颠换单核苷酸变体（SNV）的野生型编码序列，使可编程 C·G 到 G·C 碱基编辑器（CGBEs）更具广泛的科学和治疗潜力。该研究成果于 2021 年 6 月 28 日发表在《自然—生物技术》（*Nature Biotechnology*）上。

三、表观基因组编辑技术新进展

表观基因组编辑技术研究伴随着 CRISPR/Cas9 编辑技术的面世而出现，作为基因组编辑技术发展的一个分支，主要用于基因组位点的表观遗传学定向修饰，该技术成果在植物育种领域的应用值得关注。

美国加州大学分子、细胞和发育生物学学系的研究人员开发了一个基于细菌甲基转移酶和 CRISPR-Cas9 平台的靶向 DNA 甲基化工具，可以直接甲基化拟南芥中 CG 位点的胞嘧啶。这些工具丰富了现有的基于 CRISPR 的对靶向 DNA 甲基化修饰的工具箱，为建立植物遗传靶向 DNA 甲基化提供了新方法。该研究成果于 2021 年 6 月 8 日发表在《美国国家科学院院刊》（*Proceedings of the National Academy of Sciences*）上。

四、细胞器基因组编辑技术新进展

细胞器基因组是生物体基因组的重要组成部分。由于外部 RNA 不能进入细胞器，细胞器基因组编辑技术使用的技术原理与常用的 CRISPR/Cas9 并不相同，因此这一领域迟迟未获突破，以下研究是对植物细胞器基因组编辑的首次突破，开辟了植物基因组编辑技术应用的一个新战场。

韩国大田基础科学研究所基因组工程中心开发了一个由 16 个表达质粒和 424 个转录激活子样效应子阵列质粒组成的 Golden Gate 克隆系统。这项研究组装 Ddda 来源的胞嘧啶碱基编辑器（Cytosine Base Editor, DdCBE）质粒，并利用其在线粒体和叶绿体中有效地促进点诱变。DdCBEs 在莴苣或油菜愈伤组织中诱导碱基编辑的频率最高可达 25%（线粒体）和 38%（叶绿体）。此外，在叶绿体中实现了 DNA 自由碱基编辑，还获得了对链霉素和大光霉素耐药的生菜愈伤组织和植株，编辑频率高达 99%。该研究成果于 2021 年 7 月 1 日发表在《自然—植物》（*Nature Plants*）上。

日本东京大学植物分子遗传学实验室开发了一种技术，可以对植物叶绿体的DNA进行点位突变，但不会留下任何遗传工程技术痕迹。该技术结合了TALEN技术，并添加了额外的"叶绿体靶向"成分，被称为ptpTALECDs。由于叶绿体DNA不包含ptpTALECDs的基因工程机制，突变是由植株后代独立于核导入载体遗传的，这些二代植物及其后代可以被视为非转基因最终产品。该研究成果于2021年7月1日发表在《自然—植物》（*Nature Plants*）上。

美国密苏里大学邦德生命科学中心开发了一种高效的水稻叶绿体胞嘧啶碱基编辑系统。多个水稻品系含有近同质性的psaA编码位点，这些编码位点的编辑被其白化病性状所证实。未来的研究将包括构建DddAtox基因突变体或者识别新的脱氨酶来开发单一的TAL-deaminase，放宽限制偏好，并扩大叶绿体基因组中碱基编辑的范围。这项质体编辑技术将成为农业基础研究和应用研究的一项重要技术。该研究成果于2021年9月6日发表在《分子植物》（*Molecular Plant*）上。

五、T-DNA free 的基因组编辑技术新进展

利用RNP实现非转基因的基因组编辑已经多见报道，但效率较低，且仅限于敲除编辑，因此仍需优化改进，同时利用转座子介导实现自我切除是一条有潜力的替代路径。以下研究解决了基因组编辑载体即T-DNA实现基因组编辑后的自消除问题，为多年生或不能自交分离实现T-DNA free的植物实现非转基因的基因组编辑提供了可能。

美国马萨诸塞州总医院分子病理科和癌症研究中心用纯化的核糖核蛋白复合物进行引导编辑。该机构在斑马鱼胚胎中引入了高达30%的体细胞突变，并证明了种系的传播，还测试了该技术在插入、删除和启动编辑指导RNA（pegRNA）的应用。其中，在HEK293T和原代人类T细胞中，用纯化的核糖核蛋白复合物进行引导编辑，引入所需碱基的编辑频率分别高达21%和7.5%。该研究成果于2021年4月29日发表在《自然—生物技术》（*Nature Biotechnology*）上。

日本筑波国家农业与食品研究组织农业生物科学研究所开发了PiggyBac介导的转基因系统，用于CRISPR/Cas9在植物中的暂时表达。该系统可以

将同时携带 CRISPR/Cas9 和正向选择标记表达盒的 T-DNA 整合到植物基因组中，然后通过 CRISPR/Cas9 成功诱导靶向突变后，将 PiggyBac 转座酶重新转入宿主基因组，再将 T-DNA 切除分解。PiggyBac 介导的转基因系统将成为建立 CRISPR/Cas9 介导的多年生植物提供 T-DNA free 的高效靶向诱变的工具。该研究成果于 2021 年 2 月 2 日发表在《植物生物技术杂志》（*Plant Biotechnology Journal*）上。

六、作物从头再驯化工作新进展

利用基因组编辑技术，实现水稻从头再驯化，这一技术概念大胆新颖，具有一定开创性，是国内为数不多的能与国际前沿近乎比肩的一项成果。开辟了一条育种新路径。

中国科学院遗传与发育生物学研究所李家洋团队联合国内外多家单位成功实现了异源四倍体高秆野生稻的从头定向驯化。研究团队通过组装异源四倍体高秆野生稻（Oryza alta）基因组，建立有效的组织培养和基因组编辑系统，构建高质量的基因图谱，利用栽培稻驯化相关基因的研究成果在高秆野生稻基因组中鉴定同源基因，使其落粒性、芒性、株型、籽粒大小及抽穗期等决定作物驯化成功与否的重要性状发生改变，为培育新的种质资源提供高速通道。该研究成果于 2021 年 2 月 4 日发表在《细胞》（*Cell*）上。

七、利用饱和突变技术创制新种质新进展

饱和突变又叫点饱和突变，是使诱导的点突变在目的基因上尽可能稠密地分布以致接近饱和状态的一种离体非定点的突变，目的是为了筛选出其中的优异等位基因形式；饱和突变的技术概念在人细胞中已经广泛开展，但在植物中的研究还很少，尤其是在玉米等大宗作物上尚无应用。以下研究利用启动子区饱和突变实现优异等位基因创制，首次应用于玉米产量提升。

美国冷泉港实验室（CSHL）David Jackson 研究组利用 CRISPR/Cas9 系统对玉米 CLE 基因启动子进行编辑，创制了玉米高产等位基因。该研究通过对相关基因的启动子区域进行饱和突变。一方面创制了 ZmCLE7 和 ZmFCP1 的新型优异等位基因；另一方面提出并验证了对分生组织发育关

键基因的互补基因进行编辑，可优化分生组织活性，为创制高产优良等位基因提供新的策略。研究成果于 2021 年 2 月 22 日发表在《自然—植物》（*Nature Plants*）上。

八、利用精确编辑技术创制新种质新进展

以下研究利用精确编辑（同源重组或引导编辑）创制抗病或耐除草剂新种质，紧扣热点，是为数不多的编辑技术深度应用案例，是精确编辑技术在育种领域不可忽视的应用进展。

中国农业科学院作物科学研究所利用广谱抗性基因 $EB_{EAvrXa23}$ 的序列为模板，通过 CRISPR-Cas9 介导的同源替换，成功地将感病水稻品种 Nipponbare 转化为抗病品系，为水稻广谱抗白叶枯病基因工程奠定了基础。这是对水稻白叶枯病抗性优异基因 *Xa23* 和新兴的基因组编辑技术在水稻改良中应用的重大扩展，开创了培育广谱高抗白叶枯病水稻的新途径，为有效利用重要的基因核心元件提供了模型。研究成果于 2021 年 8 月 2 日发表在《分子植物》（*Molecular Plant*）上。

安徽省农业科学院水稻研究所魏鹏程团队利用引导编辑工具升级了饱和突变方法，为关键位点功能挖掘和重要基因充分进化提供了新的技术思路。研究团队利用单碱基编辑文库和 PLSM 的优势互补，在除草剂抗性基因上进行测试，为基于作物重要基因原位饱和突变的定向进化研究提供更加高效、可靠、便捷的新手段概念验证，也将成为充分发挥作物育种潜力的重要路径。研究成果于 2021 年 6 月 10 日发表在《自然—植物》（*Nature Plants*）上。

九、利用常规基因组编辑技术创制新种质新进展

随着基因组编辑技术的成熟，在更多大田作物、园艺植物、油料能量植物上开始更广泛的应用，成为功能基因研究和新型种质资源创制的新型手段。本部分主要选择了 2021 年结合功能基因信息与基因组编辑技术进行分子育种应用的突出案例。

英国洛桑研究所利用 CRISPR/Cas9 技术"敲除"了天冬酰胺合成酶基因 *TaASN2*，使小麦籽粒中游离天冬酰胺的积累量大大减少。与未经基因编辑的

植物相比，其籽粒中的天冬酰胺含量显著降低，最大降幅为 90% 以上。该研究包含在英国乃至欧洲进行的 CRISPR/Cas9 编辑小麦的首次田间试验。研究成果于 2021 年 2 月 26 日发表在《植物生物技术杂志》（*Plant Biotechnology Journal*）上。

北京市农林科学院玉米研究中心赵久然团队利用全基因组关联分析、EMS 突变体和 CRISPR/Cas9 等技术鉴定到与玉米早期耐盐性相关的重要遗传位点和基因。利用经优化并适用玉米的 CRISPR/Cas9 技术，配套 tRNA 自剪切方法，进行了玉米基因组的多靶点同时编辑，对候选基因进行了功能验证，发现对耐盐候选基因 *ZmCLCg* 基因的基因组编辑效率可高达 70%。证实了候选基因 *ZmCLCg* 和 *ZmPMP3* 与玉米耐盐性相关。该研究结果有助于揭示玉米耐盐性差异的分子机制，并为耐盐玉米品种的选育提供新的基因编辑靶标。研究成果于 2021 年 5 月 2 日发表在《植物生物技术杂志》（*Plant Biotechnology Journal*）上。

北京市农林科学院玉米研究中心赵久然团队和舜丰生物王飞团队利用 CRISPR/Cas9 技术分别创制出利用传统育种不能或难以获得的有香米味道的玉米新种质。前者利用生物信息学分析和自主研发的多重优化并适用玉米的 CRISPR/Cas9 技术，仅使用一个靶点序列即实现了"一箭双雕"的双基因同时编辑效果，创制出的不同梯度的香味玉米新种质，为适应不同口味的玉米蒸煮食味品质提供了多样化选择。几乎同时，后者利用另一 CRISPR/Cas9 系统也创制出香味玉米。两个团队利用不同方法、不同材料都分别创制出了香米味道的玉米新种质，为培育具有新型香味的玉米品种提供了可能。研究成果于 2021 年 5 月份分别发表在《中国农业科学》和《植物学报》英文版上。

中国科学院遗传与发育生物学研究所等机构发现一个从未被认识的控制水稻 GNP 的调控基因——水稻生殖分生组织 20（*OsREM20*），并证明 *OsREM20* 启动子的 IR 序列变异可以通过基因组编辑或传统育种方式用于种质改良。该研究揭示了导致水稻 GNP 多样性的新的遗传变异，揭示了调控水稻农学重要基因表达的分子机制，为通过调控含有顺式调控元件的 IR 序列来提高水稻产量提供了一条有希望的途径。研究成果于 2021 年 6 月 7 日发表在《分子植物》（*Molecular Plant*）上。

中国农业大学姜临建与青岛清原生物技术等单位合作利用 CRSPR/Cas9

技术创制出除草剂抗性水稻新种质。研究团队根据水稻转录组信息和基因组敲除技术，成功获得基因组编辑的水稻植株，其中，*CP12* 基因的启动子驱动 *PPO1* 基因的表达，*Ubiquitin2* 基因的启动子驱动 *HPPD* 基因的表达，从而大幅提升了水稻内源 *PPO1* 和 *HPPD* 基因的表达量，使水稻植株表现出预期的抗除草剂性状，有望为水稻田杂草防控提供更加高效的解决方案。研究成果于 2021 年 11 月 15 日发表在《自然—植物》（*Nature Plants*）上。

广东省农业科学院果树研究所发现并证明 *MaACO1* 是利用 CRISPR/ Cas9 介导的编辑系统培育长保质期水果的理想靶点。研究团队利用 CRISPR/Cas9 系统，以不同的编辑模式创建了几个 *MaACO1* 基因敲除的植物。在自然成熟条件下，突变体果实乙烯合成降低，保质期延长。此外，发现 *MaACO1* 被破坏的果实对乙烯利也很敏感，经过乙烯利处理后能正常成熟。新种质的应用将大大减少采后损失，提高香蕉果实的货架期，增加香蕉产业的经济价值。研究成果于 2020 年 12 月 28 日发表在《植物生物技术杂志》（*Plant Biotechnology Journal*）上。

中国农业科学院油料作物研究所首次利用 CRISPR/Cas9 技术构建油菜籽半矮化、紧凑型花序种质资源。研究团队利用 CRISPR/Cas9 系统设计 sgRNA 对两个油菜 *BnaBP* 基因进行编辑，并分析其表型变异。结果表明，单股敲除 *BnaA03* 可以获得半矮化和致密的植株结构，而不产生任何其他劣势性状。还获得了在分离后代中消除 T-DNA 的稳定遗传突变系，并将这些突变回交到一个广泛种植的品种中，以便将来进一步进行田间农艺性状鉴定。该研究为优化油菜植株结构提供了新的思路。研究成果于 2021 年 9 月 9 日发表在《植物生物技术杂志》（*Plant Biotechnology Journal*）上。

华中农业大学作物遗传改良国家重点实验室利用 CRISPR/Cas9 突变 *BnS6-Smi2* 培育了新的甘蓝型油菜系。该研究证明 *BnS6-Smi2* 对于维持甘蓝型油菜 SC-326 系表型至关重要。这种含有等位基因特异性标记的无转基因纯合突变体可用于十字花科植物的育种，从而加速杂种优势的利用。研究成果于 2021 年 3 月 3 日发表在《植物生物技术杂志》（*Plant Biotechnology Journal*）上。

美国俄勒冈州立大学和科罗拉多州立大学通过转化巨尾桉野生型杂交和两个开花位点 T（FT）过表达（和开花）系，利用 CRISPR/Cas9 靶向 LFY

同源基因 *ELFY* 进行突变，从而使桉叶同源基因（*LFY*）发生突变。研究发现是 *ELFY* 功能的破坏似乎是性遏制的一个有用工具，且不会对幼年植物生长或叶片形态造成统计上显著或巨大的不利影响。研究成果于 2021 年 3 月 27 日发表在《植物生物技术杂志》（*Plant Biotechnology Journal*）上。

荷兰瓦赫宁根大学瓦赫宁根植物研究所等机构利用 CRISPR/Cas9 技术灭活菊苣中所有的 *CiGAS* 基因，开发出不含苦味化合物的菊苣品种。这项研究清楚地表明 CRISPR/Cas9 是一种有效的菊苣生化途径调控技术，失活倍半萜内酯（STL）产生了迄今为止尚未通过传统育种实现的新型菊苣品系，从而可以更经济有效地提取菊糖，为促进健康的膳食纤维在更广泛的食品中应用开辟了可能性。研究成果于 2021 年 7 月 16 日发表在《植物生物技术杂志》（*Plant Biotechnology Journal*）上。

来源：北京市农林科学院数据科学与农业经济研究所

北京市农林科学院玉米研究所

新的生物工程方法为改良生物制品生产铺平道路

荷兰帝斯曼集团的 Rosalind Franklin 生物技术中心和布里斯托尔大学（University of Bristol）的研究人员发现了一种控制酵母菌细胞中多种基因的方法，为更高效和可持续地生产生物基产品打开了大门。该研究发表在《核酸研究》（*Nucleic Acids Research*）上，展示了如何启动 CRISPR 同时调节多个基因的潜力。这项研究由欧盟地平线 2020 研究和创新计划、英国生物工程学会合成生物学研究中心、英国皇家学会和布里斯托生物设计研究所资助。如今酿酒酵母不仅被用于生产面包和啤酒，还可以通过设计来生产一系列其他有用的化合物，这些化合物是构成药物、燃料和食品添加剂的基础。然而，要实现这些产品的最优生产并不容易，需要通过引入新的酶和调整基因表达水平重新连接和扩展细胞内复杂的生化网络。

为了优化酿酒酵母细胞用于生物生产，研究人员探索了一种基于 Cas12a 蛋白的未被广泛使用的 CRISPR 技术。与更常用的 Cas9 蛋白不同，通过快速编程 Cas12a 可以与控制基因表达的序列相互作用，并且易于同时靶向许多不同的序列，这使它成为进行复杂基因调控的理想平台，而复杂的基因调控通常是生产与工业相关的化合物所必需的，此外，科学家们还展示了其在控制 β-胡萝卜素生产方面的强大用途。β-胡萝卜素是一种工业上重要的化合物，用于食品添加剂和营养制剂的生产。该技术控制 β-胡萝卜素生物合成的能力，为其更广泛地应用于其他关键生物基产品的生产打开了大门。

来源：University of Bristol

快速识别分析基因变异的新工具

美国 HudsonAlpha 生物技术研究院开发了一种新的计算工具来帮助快速准确地识别和分析复杂基因组变异。为了将性状映射到基因，目标植物的 DNA 序列必须与参考基因组对齐。在关注复杂的植物基因组时，软件很难将短 DNA 读数映射到参考基因组并准确识别与观察到的性状相关的单核苷酸多态性（SNP）等分子标记。通过基于短序列最优比对的位点筛选，HudsonAlpha 研究团队开发了一种名为 Khufu 的计算工具，大大提高了复杂基因组中数量性状测序技术（QTL-seq）分析的准确性，允许直接从批量序列中发现新的变异。Khufu 可以在测序数据覆盖率非常低的情况下，以较低成本提供极其准确的 SNP 识别。科学家和育种者可以使用 Khufu 快速、准确地识别选择标记和数量性状位点，从而将耐病、耐干旱或抗虫害等有益性状快速引入农作物中。

来源：Hudson Alpha

植物育种

以色列推出世界上首个完全稳定且基因一致的大麻杂交种子

CanBreed 是一家从事大麻种子开发和改良的以色列大麻遗传和种子公司，经过 3 年多的研发，已完成第一个统一纯合（100% 稳定）大麻亲本系的开发，这些亲本之间的杂交创造了世界上第一个真正的 F_1 杂交种。这些稳定的杂交种将确保整个大麻产业原料的可复制性、标准化和高质量。

到目前为止，通过种植大麻种子无法获得可复制的、统一的大麻产品，市场上的所有大麻品种都是杂合的（基因不稳定），两个不稳定的大麻品种杂交会产生高遗传变异的种子。因此，在一种特定的大麻植物中，所有的种子都是不同的，这意味着用这些种子生长的植物，即使它们来自同一种植物，也会有不同的基因图谱。迄今为止，大麻种植者保存后代遗传特性的唯一方法就是克隆母株。

在农业中，诸如西红柿、玉米、西瓜等植物完全由稳定的种子培育而成，从而确保了遗传的一致性，实现了高质量的生长和子代的繁殖。这些种子由纯合亲本系（100% 遗传稳定的植物）产生。创造纯合植物的过程需要专门的资源、独特的农艺和科学知识，而且需要相当长的时间。两种不同的纯合植物杂交将产生基因完全相同的种子，这意味着杂交产生的所有种子将具有相同的 DNA（同卵双胞胎）。这些种子在种业中被称为 F_1 杂交种子。使用 F_1 杂交种子将始终产生彼此完全相同的植物，从而消除克隆大麻的需要，并确保从植物中提取的原料的重复性和均匀性。

来源：CBD Testers

荷兰首次在小麦中成功引入抗叶枯病基因

Zymoseptoria tritici（*Z. tritici*）是引起小麦叶枯病（Septoria Tritici Blotch，STB）的病原菌之一，是世界上最具遗传多样性和破坏性的小麦病原菌之一。目前，一个包括荷兰瓦赫宁根大学（WUR）在内的国际研究团队利用比较基因组学、诱变和互补技术鉴定了对小麦叶枯病具有广谱抗性的基因 *Stb16q*，并成功地将其导入小麦以对抗 *Z. tritici*。这项研究已于 1 月 19 日发表在《自

然—通讯》（*Nature Communications*）上。

小麦抗病性的研究从 1865 年开始进行。在已知的抗病性中起作用的小麦基因数量相当可观，有大约 1 200 个与抗病性完全或部分相关的基因，其中多个已被表征。但迄今为止，*Stb16q* 是唯一一个富含半胱氨酸的受体样激酶基因。该基因通常被称为 *CRK*，在植物的免疫系统中起着重要作用。

研究人员通过鉴定、克隆和在易受小麦叶枯病侵袭的小麦作物中引入抗病基因证实，插入的基因对目前测试的绝大多数小麦叶枯病变异体有效，具有独特的广谱抗性，可以减缓病原菌的渗透和生长，*Stb16q* 能够很好地防御各种小麦叶枯病变异体。

现在，通过育种，可以相对容易地将该基因整合到商业小麦品种中，这意味着种植者将减少收成损失，并且在未来使用化学植物保护产品更少。

来源：Wageningen University & Research

丹麦发现提高作物锌含量的新途径

锌是蛋白质的重要组成部分和催化成分。缺锌会造成人体不同程度的发育迟缓、免疫功能障碍和认知障碍。全世界有超过 20 亿人因缺锌而营养不良，提高水稻、小麦和玉米等作物的锌含量成为解决营养不良的手段之一。

近日，丹麦哥本哈根大学（University of Copenhagen）的研究人员首次通过改变作物中锌传感器的特性，成功提高了作物中锌的含量。他们从拟南芥中鉴定出两种控制锌传感器的特异蛋白，可使作物误认为处于永久的锌缺乏状态，从而不停地吸收锌元素。与普通作物相比，该作物种子的锌含量最多可提高 50%，且未产生明显负面影响。相关研究成果发表在《自然—植物》（*Nature Plants*）杂志上。

目前，研究人员正努力在豆类、水稻和番茄中重现研究结果。该结果未来可应用于 CRISPR 基因编辑技术或选择具有高效吸收营养物质能力的天然作物品种。

来源：Science Daily

最新研究揭示2NvS染色体片段可提高小麦产量优势和抗病能力

最近，一项由多国研究团队合作进行的研究"面包小麦的 Aegilops ventricosa 2NvS 片段：细胞学、基因组学和育种"（The Aegilops ventricosa 2NvS segment in bread wheat: cytology, genomics and breeding）已在学术期刊《理论和应用遗传学》（*Theoretical and Applied Genetics*）上发表。该研究使科学家和育种工作者对 Aegilops ventricosa 2NvS 染色体片段给小麦带来的产量优势和抗病能力有了更清晰的认识，并有更多机会利用这些优势进行未来的育种工作。

从 20 世纪 90 年代初开始，Aegilops ventricosa 2NvS 易位片段就被用于小麦抗病育种，该易位片段具有根结线虫、条锈病、叶锈病和茎锈病等多种重要的抗病基因。最近，这个片段被认为与抗小麦瘟病有关，这是一种在南美洲和亚洲出现的毁灭性小麦疾病。迄今为止，对该片段的大小、基因含量及其与籽粒产量的关系等方面还缺乏全面的研究。

在这项研究中，科学家们重新组装了两个小麦品种"Jagger"和"CDC-Stanley"的 2NvS 片段，并预估片段的实际大小约为 33 个百万碱基对。共有 535 个高置信度基因（high-confidence genes）在 2NvS 区域内被注释，其中高于 10% 属于核苷酸结合的富含亮氨酸重复序列（*NLR*）基因家族。鉴定具有 N 基因组特异性并在特定组织中表达的 *NLR* 基因群可以快速检测在各种抗病性中发挥作用的候选基因。数据显示，过去的 25 年里，在春小麦和冬小麦育种项目中，2NvS 出现的频率不断增加，并且 2NvS 对小麦产量产生了积极影响。2NvS 片段在小麦抗病育种中的重要意义以及对产量的积极影响，凸显了了解和表征小麦全基因组的重要性，为小麦分子育种改良提供了更好的思路。

来源：CIMMYT

研究人员通过基因编辑技术提高植物叶片产油量

美国密苏里大学（University of Missouri）研究人员近日发现增加植物叶

片中三酰甘油（植物油的主要成分）产量的方法。该技术可从大型多叶植物中提炼大量植物油，使高粱等谷物成为植物油来源之一。这将改变传统炼油方式，减少了除果实和种子以外的其他植物体的浪费。

在用拟南芥进行的试验中，研究人员使用基因编辑工具 CRISPR 敲除了负责控制拟南芥叶片中脂肪酸产生的一组基因。研究发现，有 3 种蛋白质可以抑制叶片合成脂肪酸，关闭它们的同源基因能使叶片生产出更高含量的三酰甘油。相关研究成果已于近期发表在《自然—通讯》（*Nature Communications*）上。

此项技术可能会大大提高植物油产量，降低产品价格，从而减少对高含油量种子的需求，减轻炼油过程中蛋白质含量下降的损失。研究人员正在对农作物作进一步测试，以验证其可行性。

来源：University of Missouri

首个CENH3父本单倍体诱导技术加速杂交小麦育种

小麦受基因组复杂性（异源六倍体）所限，在杂交育种上停滞不前。同时，制种成本过高也大大制约着杂交小麦产业化推广。

先正达集团北京创新中心吕建团队与先正达种业科学家 Tim Kelliher 团队合作，开发出作物上首个具商业化潜力的父本单倍体诱导技术，可以在小麦中产生父本单倍体，大幅减少小麦杂交制种成本。相关论文于 2020 年 11 月 9 日在线发表于《自然—生物技术》（*Nature Biotechnology*）。

研究人员创新性地设计了 1 对 gRNA，只在丝粒组蛋白（CENH3）蛋白氮端引入回码突变，不改变羧基段和启动子区域，最终实现了 7% 的父本单倍体诱导率。由此，该研究团队开发了一种胞质不育系转育技术。这是基于父本单倍体技术，将不育系开发成父本单倍体诱导系，将待转育的材料诱导父本单倍体，再利用单倍体加倍技术实现胞质不育的一步转育，可以将原来需要的 3 年时间（7 代）缩短到不到 1 年时间（2 代）。

这项技术不仅可以加速小麦杂种优势的基础研究和杂交小麦的推广，也为基于 CENH3 的单倍体基因编辑耦合技术（HI-EDIT）在多种作物中的应用铺平道路。同样的方法和设计模式或可推广到其他没有单倍体诱导系统的作物上。

来源：科学网、中华网

国际团队利用新的基因技术，推出小麦抗锈病新品种

由于病原体的快速进化，培育持久抗锈病（Pgt）小麦极富挑战。由来自澳大利亚联邦科学与工业研究组织（CSIRO）、明尼苏达大学（University of Minnesota）、奥胡斯大学（Aarhus University）、约翰·英内斯中心（The John Innes Centre）、美国农业部（USDA）和新疆大学的研究人员组成的国际团队共同开发了新的基因技术，将 5 种不同的小麦抗性基因结合并插入到一起，这种捆绑可以防止性状在植物后代繁殖中分离。这项研究成果已发表在《自然—生物技术》（*Nature Biotechnology*）上。

该研究将 5 个不同的 *Pgt* 抗性基因引入了 3 个独立的小麦品系中，作为多转基因盒，并且这些基因的全长副本已在每个品系中共整合到单个孟德尔基因座中。这些基因座赋予了对 *Pgt* 的高水平抗性和对 *Pgt* 的部分抗性，并在这 5 个基因中确认了 4 个基因的生物学功能。

传统小麦育种方法是一个一个地添加单个抗性基因。该研究通过将 5 个抗性基因作为单一基因座引入小麦中来产生多基因 *Pgt* 抗性。研究表明，这些小麦品系对来自世界各地的高传染性和高毒性的 *Pgt* 分离株有很高的抵抗力。通过将多基因简单以 1 个基因座遗传转化极大地简化了其在育种中的应用。

来源：CSIRO、iPlants 公众号

加拿大科学家利用基因编辑技术研发高产矮株油菜

在一项最新的研究中，加拿大卡尔加里大学科学院的研究小组对 Strigolactones 激素受体 BnD14 进行基因编辑，创制出了具有更多分枝、

开花量和耐倒伏性状的优良油菜品种，并大幅提高产量。该研究的论文"*Gene-Editing of the Strigolactone Receptor BnD14 Confers Promising Shoot Architectural Changes in Brassica napus（Canola）*"发表在学术期刊《植物生物技术杂志》（*Plant Biotechnology Journal*）上，并获得加拿大自然科学与工程研究理事会的支持。

植物的枝条结构是高度复杂的多基因性状，已知在控制作物产量中起到重要作用。研究小组将目标锁定在基因 *BnD*14 上，该基因是一种名为激素 Strigolactones（SLs，调控植物分枝的第三种激素，对植物株型、枝条分支起着至关重要调控作用）的受体。该研究生成了 CRISPR/Cas9 介导的 SL 受体 *BnD*14 编码基因的敲除品系，与野生型相比，该品系植株表现出丰富的分枝表型，不仅显示出矮化表型，其平均每株分枝总数也增加了约 2 倍，同时平均株高和节间长度减少了 34%。

这一发现有助于育种者获得双低油菜籽的优良种质，预估每年可为加拿大增收 270 亿加元，并增加约 25 万个就业机会。该实验室还将其基因编辑平台扩展到了鹰嘴豆等豆类作物。

来源：University of Calgary

利用基因编辑技术驯化多基因组水稻的路线图

近日，《细胞》（*Cell*）在线发表了包括中国科学院遗传与发育生物学研究所在内的多家国际研究机构合作的题为"野生异源四倍体水稻从头驯化的途径（*A route to de novo domestication of wild allotetraploid rice*）"的研究论文，论文概述了 1 种利用基因编辑技术培育多倍体水稻的可行方法，该研究成功实现了从头驯化异源四倍体野生稻。

世界人口持续增加，耕地面积不断减少，灾害性天气频发，全球粮食安全问题日趋严峻。基于作物驯化的分子机理及重要农艺性状的遗传基础，结合高通量基因组测序和高效基因组编辑技术，从头驯化野生植物，创造新型作物，将是应对这一挑战的有效策略之一。研究人员通过组装异源四倍体高秆野生稻基因组，优化遗传转化体系，利用基因组编辑技术，使其落粒性、芒性、株型、籽粒大小及抽穗期等决定作物驯化成功与否的重要性状发生改变，成功实现了异源四倍体高秆野生稻的从头定向驯化。该突破性研究成果证明了通过从头驯化将异源四倍体野生稻培育成未来的主粮作物，是确保粮食安全的可行策略，同时也为从头驯化野生和半野生植物、创制新型作物提供了重要参考。

来源：Nature

英国培育出减少致癌化合物的基因编辑小麦

英国洛桑研究所（Rothamsted Research）和布里斯托大学（University of Bristol）研究人员利用 CRISPR/Cas9 基因编辑技术"敲除"了小麦的天冬酰胺合成酶基因 *TaASN2*，培育出 1 种能够极大减少丙烯酰胺产生的小麦。与未编辑的品种相比，该小麦的天冬酰胺含量大大降低，其中一个品系的丙烯酰胺含量降低了 90% 以上。研究人员正准备向英国政府申请该新型小麦的田间试验，这将是在欧洲本土进行的基因编辑小麦的首次试验。尽管基因编辑技术与转基因（GM）方法不同，不涉及引入新的、外来的或其他作物的基因，小麦的 DNA 变化与自然发生的变化相似，但根据欧盟法律，目前对使用 CRISPR/Cas9 基因编辑技术的处理方式与 GM 相同，阻碍了此项技术的运用。目前该小麦仍处于试验阶段，如果顺利通过田间试验，在监管框架有利的情况下，还需要 5 ～ 10 年才能投放市场。

来源：Rothamsted Research

国际团队通过编辑产量相关性状的启动子提高玉米产量

2021 年 2 月 23 日，《自然—植物》（*Nature Plants*）在线发表了中外科学家合作的玉米籽粒研究的最新进展（*Enhancing grain-yield-related traits by CRISPR-Cas9 promoter editing of maize CLE genes*）。科学家首次在玉米这一全球产量最高的主粮作物中实施了通过编辑启动子改变产量的方法，为培育优良高产的玉米新品种以及其他主粮作物的增产提供了一个有价值的途径。该研究利用 CRISPR-Cas9 基因组编辑技术，构建了玉米产量相关性状的弱启动子等位基因和 1 个新发现的部分冗余的补偿性 *CLE* 基因的零等位基因。这个方法可以改变增加玉米籽粒产量相关的性状，使得基因组编辑为作物增产提供了有力的支持。

来源：Cold Spring Harbor Laboratory

美研究人员利用CRISPR技术降低小麦和花生的致敏性

美国研究人员利用 CRISPR 技术对小麦和花生的低致敏性品种开展育种研究，以增加过敏人群的食物选择。在美国农业部列出的"八大"致敏食物中，小麦和花生名列前茅，90% 的食物过敏由它们引起。美国作物科学学会（Crop Science Society of America）和克莱姆森大学（Clemson University）的研究小组对此开展育种研究，对于小麦，研究人员专注对谷蛋白这一过敏原的研究，谷蛋白是一组能够引起腹腔疾病和个体免疫反应的蛋白质。但是谷蛋白存在于细胞的 DNA 上，很难培育出谷蛋白含量较低的小麦品种。对于花生，研究小组正在研究引发过敏反应的蛋白质。像小麦中的谷蛋白基因一样，花生过敏原基因也分布在整个花生 DNA 中。研究人员利用 CRISPR 技术可以将表达特定蛋白的基因直接"剪掉"，这意味着细胞不再能够"读取"这些基因来制造特定的蛋白质。这种干扰小麦中的谷蛋白基因的方法可以使小麦中的谷蛋白含量显著降低。类似的方法也可以应用于花生上。

来源：Crop Science Society of America

美国科学家首次利用 CRISPR/Cas9 对甘蔗进行精准育种

美国佛罗里达大学（University of Florida）利用 CRISPR/Cas9 基因组编辑技术首次成功实现了甘蔗的精确育种，并证明了利用基因组编辑工具实现精确核苷酸替换的基因靶向技术的应用价值。甘蔗是全球 80% 的糖和 26%

的生物乙醇的来源，但其复杂的、高度多倍体的基因组阻碍了作物改良。在一项研究中，研究人员验证了甘蔗镁螯合酶 I 亚基（MgCh）的多等位基因编辑能力，将其应用于甘蔗品种改良。这种方法将有助于为拥有复杂、高度多倍体基因组的作物建立基因组编辑方案，并支持其进一步的优化育种。另一项研究中，研究团队通过有针对性的核苷酸替换将低等等位基因转化为高等等位基因，赋予了新品种除草剂抗性。他们在甘蔗中应用了高效且可重复的基因靶向技术（GT），证明目标基因的多个拷贝可以被一个更优的版本精确取代。研究人员引入一种修复模板和基因编辑工具，以指导植物自身的 DNA 修复过程，实现多个等位基因的精确共编辑。研究成果于近期发表在《基因组编辑前沿》（*Frontiers in Genome Editing*）上。

来源：CABBI

美国研发具有在垂直农场和国际空间站种植潜力的微型番茄

美国加利福尼亚大学（University of California）利用 CRISPR-Cas9 基因编辑技术培育出矮小的番茄植株，可在垂直农场和国际空间站中生长。在第一次迭代中，研究团队选取了 1 个原始的矮生番茄植株品种，并利用 CRISPR 基因编辑技术进一步缩小其植株。目前研究人员正致力于使用 CRISPR 技术在原始品种的基础上堆叠更多的突变。此外，还对其他品种进行基因编辑。研究人员表示，这项研究不仅限于对番茄，还将应用于其他农作物。下一步研究将从其他茄科作物开始，包括辣椒、茄子和马铃薯。对番茄的研究成果将用于在太空中进行相关的种子实验。这项研究得到了美国食品与农业研究基金会（Foundation for Food & Agriculture research，FFAR）和美国宇航局（NASA）的资助。

来源：Urban Ag News

荷兰利用CRISPR-Cas技术开发出不含苦味化合物的菊苣品种

荷兰瓦赫宁根大学（WUR）利用 CRISPR-Cas 技术开发出一种不含苦味化合物的菊苣品种，该品种富含膳食纤维和化合物，具有潜在药用特性。研究人员利用 CRISPR-Cas 技术对导致菊苣特定理想性状或不良性状的 DNA 进行编辑，关闭了 4 个负责苦味化合物的基因，用于调节菊苣的苦味水平。研究人员还致力于开发用于生产抗炎剂和癌症药物的特定菊苣苦味化合物（萜烯）。此外，研究表明，该苦味化合物可以保护植物免受真菌和细菌的侵害，帮助绵羊驱虫。该研究由欧盟地平线 2020 计划资助的欧洲 CHIC 项目支持，研究成果发表在《植物生物技术杂志》（*The Plant Biotechnology Journal*）上。除 WUR 外，来自 12 个国家的 16 个机构参与了这项研究，研究不仅专注菊苣的新品种的开发，还广泛关注了产品的安全性、商业模式的可行性以及新育种技术的社会接受度。

来源：Wageningen University & Research

日本利用基因编辑改善大麦生产

日本培育出能抵抗收获前发芽的基因编辑大麦。日本冈山大学（Okayama University）Hiroshi Hisano 博士的研究团队利用 CRISPR/Cas9 基因编辑技术成功培育出抗收获前发芽的基因突变大麦。该研究具有里程碑意义，阐明了突变等位基因的相互作用对微调性状的重要性，研究人员可以通过突变等位基因组合来设计调节谷物休眠。研究团队利用 CRISPR/Cas9 诱导的靶向诱变技术，在相同遗传背景的 Qsd1 (QTL FOR SEED DORMANCY 1) 和 Qsd2 中创建了单突变体和双突变体。对独立的 Qsd1 和 Qsd2 单突变体以及两个双突变体进行了发芽试验，研究发现这两个突变体的发芽受到了强烈的抑制。这项研究不仅阐明了 Qsd1 和 Qsd2 在谷物萌发和休眠中的作用，而且还证实了 Qsd2 在谷物萌发和休眠中起着更重要的作用。研究结果发表在《植物生物技术杂志》（*Plant Biotechnology Journal*）上。

来源：Phys.org

表观遗传育种技术最新研究进展

北京大学贾桂芳课题组与美国芝加哥大学（University of Chicago）何川课题组、贵州大学宋宝安课题组联合研究发现一项突破性的作物改良新技术。该研究利用哺乳动物体内的 RNA 去甲基化酶（FTO）转基因的方法，首次开发出利用 RNA 表观遗传修饰 N6- 甲基腺嘌呤（m6A）直接提高植物生物量、产量和抗逆的新技术。利用该技术，水稻和马铃薯单株产量和生物量在田间试验中均增加了 50%。本技术的成功应用显示该技术具有一定的植物普适性。这项研究得到国家自然科学基金、国家重点基础研究发展计划项目、北京市自然科学基金、北京光元立方生物科技有限公司和钟子逸教育基金的资助。研究结果于 2021 年 7 月 22 日发表在《自然—生物技术》（*Nature Biotechnology*）上。

该研究开发了一种具有普适性的表观遗传育种新技术用于培育高产高生物量的优良品种，实现粮食增产。此外，改造后的植物根系发达更加适应抗旱、抗逆等环境要求，未来该技术有望应用于森林草原生态修复问题。

来源：Nature

NASA利用种膜新技术在太空种植蔬菜

据美国国家航空航天局（NASA）网站报道，肯尼迪航天中心的研究人员在 VEG-03J 项目中展示了利用种膜技术在太空存储、处理和播种种子的新方法。该薄膜采用类似于口气清新剂的水溶性聚合物，易于操作且足够坚硬，能够在微重力状态下轻松插入植物枕（plant pillows）中。同时为减少种植后可能产生的微生物，薄膜还要接受消毒和无菌处理。

试验中，研究人员把种子放入薄膜内，切成邮票大小的正方形并插入植物枕中。在植物枕加入水后，薄膜溶解，种子开始发芽。国际空间站宇航员已通过该技术在蔬菜生产系统（Veggie）收获了红色长叶莴苣。

种膜技术成本低廉且取得了初步成功，未来将有很大提升空间。目前，NASA 正通过多种途径创新可持续的太空食品系统，甚至发起一项"外太空食品挑战赛"寻找潜在的解决方案，以期为未来执行长期任务（如火星任务）的宇航员提供充足的营养。

来源：NASA

在空间站发现的菌株可能有助于在太空种植植物

为了在资源极端匮乏的地区（太空）种植植物，必须分离出有助于在太空的严酷条件下促进植物生长的新型微生物。一项与太空农业相关的新发现于近期发表在《微生物学前沿》（*Frontiers in Microbiology*）杂志上，这项研究报告了在两次连续飞行中从国际空间站（ISS）的不同位置发现并分离出 4 种属于甲基杆菌科的细菌的情况。

甲基杆菌属（*Methylobacterium species*）具有固氮、增磷、耐非生物胁迫、促进植物生长和防治植物病原菌的生物活性。基于传统和基因组分类方法，研究人员确定了其中 3 个菌株与印度甲基杆菌（*Methlobacterium indicum*）亲缘关系密切。这 3 个菌株被分别命名为 IF7SW-B2T、IIF1SW-B5 和 IIF4SW-B5。此外，从基因组分析中鉴定了从高效微粒捕集器过滤器中分离出的第 4 株，鉴定为罗氏甲基杆菌（*Methylorubrum rhodesianum*），命名为 I1-R3。

研究人员指出，从生物技术的角度看，新发现的菌株可能具有研发太空作物的决定性基因，需要进一步的生物学实验来证明它可能改变太空农业的规则。来自美国宇航局喷气推进实验室（JPL）、南加州大学（University of Southern California）、康奈尔大学（Cornell University）和印度海得拉巴大学（University of Hyderabad）的研究人员参与了该项研究。

来源：EurekAlert

植物保护

最新研究揭示水稻种子内生菌抗病功能

近日，《自然—植物》（*Nature Plants*）以封面论文的形式刊登了以浙江大学农学院微生物生态化学研究小组为首的国际研究团队题为"Bacterial seed endophyte shapes disease resistance in rice"的研究成果。该研究率先揭示了水稻与种子内生菌响应病原菌胁迫的共进化规律，提出种子是亲本抗病性"进化遗产"的新观点。研究为抗病性资源挖掘、抗病性丧失治理开辟了新途径，对研发新型微生物组"绿色农药"具有重要意义。

种传细菌病害严重影响我国谷物类粮食作物的安全生产。探索抗病性是研发环境友好型病害防控技术的基础，对稳定全球粮食供应起着重要作用。

这项研究中，研究人员收集了 8 172 份水稻种质样本。在观察抗病性表型时，发现了一种表型分化现象：抗病性分化表型具有地理分布特异性，且与其种子内生细菌群落结构的差异紧密相关。抗性表型的内生微生物组结构表现为鞘氨醇单胞菌属（*Sphingomonas*）的显著富集。跟进分析表明，瓜类鞘氨醇单胞菌（*Sphingomonas melonis*）不仅能在抗性表型中世代传递，而且可赋予易感表型抗病性。*S. melonis* 在水稻细菌性穗枯病菌（*Burkholderia plantarii*）侵染时作出负反馈响应，在质外体中积累化学小分子信号氨茴酸（Anthranilic Acid）。*B. plantarii* 接触氨茴酸后，其 RpoS 转录级联反应调控的毒力因子（Tropolone）生物合成通路受到干扰，最终丧失侵染力。研究结果表明，种子内生菌作为宿主植物的"延伸免疫系统"，为抗击病原菌构筑了另一道"防线"。

来源：科学网

美最新研究揭示马铃薯抗病性的化学来源

美国科罗拉多州立大学（Colorado State University）的科学家最近一项研究揭示，一种野生马铃薯近缘种（*Solanum chacoense*）的代谢产物通过改变巴西果胶杆菌（*Pectobacterium brasiliense*）的致病行为可以增强马铃薯的抗病性。这项研究已发表在《分子植物—微生物相互作用》（*Molecular Plant-*

Microbe Interactions）杂志上。

由于马铃薯对各种微生物病原体的高度敏感性，例如果胶杆菌属的细菌，其生产受到严重影响，这些细菌会引起具有毁灭性的各种马铃薯病害，并造成重大的经济损失。

近年来，研究人员在 *S.chacoense* 中发现了对这些病害的抗性，其抗性机制尚不清楚。他们推测，*S.chacoense* 含有独特的化学成分，能够通过杀菌、抑菌或抗毒活性来提高对病原菌的抗性。CSU 的研究团队以块根提取物为对照，研究了块根提取物对果胶杆菌细菌增殖率、已知外源酶活性和毒力基因表达的影响。对化学提取物采用生物测定引导的分离方法，并对 *S.chacoense* 和马铃薯四倍体栽培种的块茎进行非靶向代谢组学比较。相比较而言，*S.chacoense* 提取物不影响细菌增殖率，但降低了果胶酶、纤维素酶和蛋白酶的活性。结果表明，选择性生物碱、酚胺、酚类、胺类和肽类是细菌抗性的综合化学来源。

来源：Seed World

美国农业科技公司ISCA研发出生产昆虫性信息素新方法

信息素和其他化学信息素作为下一代可持续的虫害防治手段，通过驱除害虫、阻止其交配或操控其行为来保护作物。这种方法在保护环境的同时，解决了食物中农药残留和害虫产生抗药性的问题。目前，昆虫性信息素是通过使用石油或植物油作为原料产生碳氢化合物链的方式人工合成的，使用成本高，此外还需要大量溶剂来生产中间化合物，这将产生化学废弃物。

近日，来自美国农业科技公司 ISCA 和其他科研机构的研究人员通过对亚麻荠（Camelina sativa）进行基因改造，添加了可形成所需信息素的昆虫和其他有机体基因，使其在籽油中产生昆虫信息素前体化合物，从而在不使用农药的情况下达到防治农业害虫的目的。这项革命性研究可减少大部分溶剂需求和约 80% 的化学废物，大大缩短生产过程并降低生产成本。该项目得到了美国农业部国家食品和农业研究所的资助。

在巴西进行的初步试验表明，ISCA 的产品与使用合成信息素的产品效果一样好。两者均能够通过阻止成虫交配来抑制豆田中棉铃虫的种群。由于生产成本低廉，该昆虫信息素可大规模投入应用，进而对几种为害性强的蛾类的交配产生严重干扰。按照计划，该研究成果将于2023年实现商业化，未来还将用来开发针对其他几种主要害虫的新产品。

来源：Alliance for Science

美国：利用微生物抵御胡萝卜病害

美国普渡大学（Purdue University）和美国农业研究服务局（ARS）研究人员组成的团队对增强有益土壤微生物的方法进行了探索，这些微生物可以天然地保护胡萝卜免受疾病的侵袭。研究结果揭示了胡萝卜如何利用这些有益微生物来有效抵御链格孢菌叶枯病（Alternaria leaf blight）。

研究团队评估了36个不同的商业胡萝卜品种在常规或有机耕作的地块上对链格孢菌叶枯病的反应。研究人员根据胡萝卜中链格孢菌叶枯病的严重程度划分为1到12级，然后收获这些蔬菜。他们培养了9个评分最低（最健康）的胡萝卜品种的内生菌，并利用DNA指纹图对它们进行鉴定。同时进行了培养皿和种子实验证实了内生菌的抗链格孢菌活性。研究结果显示：

◎ 从胡萝卜中分离到的细菌数量（22种）多于真菌（6种）。

◎ 以狭食单胞菌（Stenotrophomonas）、黄单胞菌（Xanthomonas）、假单胞菌（Pseudomonas）、类芽孢杆菌（Paenibacillus）和甲基杆菌细菌（Methylobacterium）最多。

◎ 有机种植区的土壤有机质含量较高，内生真菌多样性和丰富度较高，生长在这些区域的植物比常规区域植物的病害水平低。

◎ 一些胡萝卜品种的遗传组成使它们比其他品种更利于促进内生菌的生长，尤其是在有机种植区内。

来源：USDA

首次发现从植物到昆虫的基因转移

烟粉虱（Bemisia tabaci）是被联合国粮农组织认定的世界第二大害虫，每年给全球造成巨大的经济损失。中国农业科学院蔬菜花卉研究所张友军研究团队利用生物信息学、分子生物学、生物化学、生物学测定等方法，经过持续 20 年的追踪研究，首次发现烟粉虱从寄生植物中获得水平转移基因 *BtPMaT1*，该基因通过编码酚苷丙二酰转移酶来使其具有酚苷解毒功能，从而获得了广泛的寄主适应性，而对该基因功能的干扰可能是控制这种全球性虫害的高效方法。这项研究首次证实了植物和动物之间存在功能性基因水平转移现象。

该研究阐明了烟粉虱的寄主适应性机制，为烟粉虱的绿色防控提供了新策略，是多食性昆虫寄主适应性进化机制研究的重大突破，为其他作物的害虫防控提供了重要借鉴。

来源：Nature

日本发现筛选非病原微生物的新方法

据世界农化网报道，日本东京理工大学（Tokyo University of Science）研究人员开发出一种利用培养的植物细胞快速筛选非病原微生物的方法，这些微生物能够激活植物的免疫系统而不造成损害，可作为潜在的生防药剂用于农业。相关研究成果发表在《科学报告》（*Scientific Reports*）上。

该筛选方法首先将候选微生物细胞与烟草 BY-2 细胞一起孵育，然后用隐地蛋白（cryptogein）处理 BY-2 细胞，引起烟草植物的免疫反应。隐地蛋白诱导的 BY-2 细胞中产生活性氧（ROS）可作为评估微生物激活植物免疫系统潜力的标记。为验证筛选方法的实用性，研究人员从小松菜（*Brassica rapa* var. *perviridis*）内部分离出 29 种菌株，筛选出 8 种增强隐地蛋白诱导产生 ROS 的菌株。然后将这 8 种菌株应用于拟南芥幼苗的根尖上，发现有 2 种（*Delftia* sp. *BR1R-2* 和 *Arthrobacter* sp. *BR2S-6*）诱导了对细菌性病原体的全株抗性。

基于这两种菌株的验证结果，可大规模筛选激活植物免疫系统的微生物，简化获取方法，从而增加以微生物为基础的作物保护方法，减少对化学农药的使用。

来源：AgroPages

日本发现共生菌帮助昆虫抵抗植物防御机制

日本东京理工大学（Tokyo University of Science）和冈山大学（Okayama University）的研究团队发现某些植食性昆虫幼虫的共生菌能够改变植物体内的生化过程，从而破坏植物防御机制，帮助昆虫从植物中获取营养。这一新发现将有助于农业科学家制定出利用共生菌保护重要农作物免受昆虫幼虫侵害的策略。研究结果已于近期发表在国际学术期刊《新植物学家》（*New Phytologist*）上。

植物已进化出免受食草昆虫侵害的防御机制，为应对植物这种防御机制，植食性昆虫进化出克服这些问题的一种方法——与细菌达成了互惠互利的"共生"关系：昆虫为共生菌提供一个舒适的口腔和其他分泌器官环境，而共生菌则帮助昆虫从作物植株中摄取营养。

斜纹夜蛾的幼虫是亚洲农作物常见的主要害虫。研究团队将斜纹夜蛾幼虫的口腔分泌物（OS）涂抹在机械损伤的拟南芥叶片上，发现 OS 中的细菌会阻止植物防御相关基因的表达，同时抑制在防御中起重要作用的氧化脂质的产生。这一发现强有力地证明了斜纹夜蛾口腔分泌物中的细菌有助于幼虫克服植物的防御机制。

这项研究结果为斜纹夜蛾如何对抗植物的防御机制提供了重要参考，为更深入地了解昆虫和共生菌的关系进而帮助科学家研发基于共生菌的害虫控制相关技术、减少对环境有害的杀虫剂的使用有重要作用。

来源：Tokyo University of Science

蚂蚁抗生素或将代替农药用于作物保护

丹麦的一项最新研究表明，蚂蚁能分泌出有效抑制重要植物病原体的化合物。来自奥尔胡斯大学（Aarhus University）的研究人员通过文献调研，评估了蚂蚁产生的化合物在对抗植物病原体方面的有效性。在对文献的荟萃分析中，量化了蚂蚁产生的化合物对植物病原体的影响，并研究了对其他微生物的影响。研究人员建议，可以将蚂蚁产生的这种化合物用作天然抗生素以保护农业植物。该研究于近日发表在《应用生态学》（*Journal of Applied Ecology*）。

植物病害对粮食生产的威胁越来越大，已有数种病害对现有杀虫剂产生抗药性。蚂蚁生活在密集的群居巢穴中，因此也暴露于高风险的疾病传播中。通过身上的腺体和生长的细菌群，蚂蚁可以分泌抗生素物质作为自己的抗疾病药物。这些化合物同时对一系列植物病原体也有着显著影响。研究表明，应用蚂蚁抗生素至少有 3 种不同的方式，即直接在植物生产中使用活体蚂蚁、模拟蚂蚁的化学防御化合物以及复制编码抗生素或蚂蚁的细菌基因移至植物中。

研究表明蚂蚁产生的抗生素能抑制多种具有重要经济意义的植物病原体，强调了蚂蚁产生的化合物和活蚂蚁保护植物的潜力。与其他微生物相比，蚂蚁产生的化合物对植物病原体的抑制作用更大。研究人员指出，蚂蚁或许能够提供一种未来植物保护的可持续的新方法。

来源：AgroPages

动物育种

英国培育出对繁殖和呼吸综合证具有抗性的基因编辑猪

英国罗斯林研究所（Roslin Institute）通过编辑猪的遗传密码培育出抗猪繁殖与呼吸综合征（PRRS）的猪，并与 Genus 育种公司签署合作开发协议。这项研究得到了 Genus 和生物技术与生物科学研究委员会等级综合证的资助。

PRRS 是对全球生猪产业造成损失最大的传染病之一，每年仅在美国和欧洲就给养猪业造成 25 亿美元的损失。PRRS 可引起仔猪呼吸问题和死亡，并可导致怀孕母猪流产。目前的疫苗大多未能阻止 PRRS 病毒的传播。随着协议的签署，研究人员将按计划继续检测该抗性的多代遗传稳定性，并按照美国食品和药物管理局（FDA）批准标准研发相应品种。

来源：The University of Edinburgh

俄罗斯利用基因编辑技术培育出首头克隆牛

俄罗斯恩斯特联邦畜牧科学中心（Ernst Federal Science Center for Animal Husbandry）等机构利用基因编辑技术培育出首头克隆牛。研究人员利用体细胞核移植（SCNT）技术培育出第一头可存活的克隆牛后代。在试验中，他们敲除了 β - 乳球蛋白的基因（β - 乳球蛋白是一种导致人类牛奶过敏的蛋白质），希望通过这一方法，培育出生产低过敏性牛奶的基因编辑奶牛。研究人员目前正在准备下一阶段的实验，利用基因编辑技术经过胚胎移植创建一个由几十头奶牛组成的克隆牛群。研究结果发表在《Doklady 生物化学和生物物理学》（*Doklady Biochemistry and Biophysics*）上。这项工作为俄罗斯基因编辑牛的研究奠定了方法论基础。

来源：Skoltech

新西兰利用基因编辑工具提高牛的耐热性

以新西兰奥克兰大学生物科学学院为首的国际研究团队，研发了一种新的基因编辑技术，能够提高牛的耐热性。该方法复制了自然发生的基因变化，使耐热性状可以通过自然繁殖传给后代。欧洲一部分品种的牛毛发覆盖率较低，不易受到热应激的影响——这种特性是由一种称为"光滑"基因的自然变化引起的。研究人员开发出一种技术，利用电场将基因组编辑器引入到"非光滑"牛的新受精卵中，修改与光滑性状相关的牛基因。然后将经过修饰的胚胎移植到代孕母牛子宫内，生产出具有光滑特征的健康小牛。小牛出生时毛发覆盖率较低，没有迹象表明其 DNA 的变化对其健康或福利有任何影响。随着全球气温的升高，高温胁迫可能成为诸多物种要面临的一个重要问题。接下来，科学家们将生产和评估具有类似基因修饰的绵羊，"地平线2020 计划"将对研究予以资助。

来源：University of Edinburgh

动物营养与饲料

荷兰研发新型饲料添加剂减少甲烷排放

反刍动物排放的甲烷是温室气体的重要来源，并导致气候变化。根据《荷兰气候协定》，到2030年荷兰畜牧业应减少20 000亿t的温室气体。近日，来自荷兰瓦赫宁根大学研究中心（Wageningen University & Research）的一项试验表明，一种新型饲料添加剂（Bovaer）可显著减少奶牛甲烷的排放。根据饲料和饲料中甲烷抑制剂含量的不同，每头奶牛的甲烷减排量可减少27%～40%。Bovaer甲烷抑制剂由皇家帝斯曼（Royal DSM）公司开发。

该试验以64头泌乳中期的荷斯坦奶牛为对象，通过提供3种不同比例的草青贮饲料和玉米青贮饲料以及2种不同剂量的甲烷抑制剂Bovaer，研究在不同的饲料中添加甲烷抑制剂的效果。结果表明，Bovaer能有效抑制甲烷的形成，具体效果取决于奶牛的饲料。当向不含玉米青贮的粗饲料中添加低剂量Bovaer（60毫克/千克 干物质）时，甲烷可减少27%；而相同剂量Bovaer添加到含有80%玉米青贮的粗饲料中时，甲烷则减少35%。添加中等剂量Bovaer（80毫克/千克 干物质）时，甲烷可减少29%～40%。每天1/4茶匙量的Bovaer就能让每头奶牛减少约30%的甲烷排放。因此，该饲料添加剂能够显著减少肉类、牛奶和乳制品的环境足迹。

来源：Wageningen University & Research

昆虫用作动物饲料的最新研究进展

荷兰瓦赫宁根大学（Wageningen University and Research）和莱顿大学（Leiden University）的多学科研究团队发现，黑水虻幼虫（BSF）可以替代豆粕作为育肥猪饲料中的蛋白质来源。研究小组在《科学报告》（*Scientific Reports*）上发表了BSF对小肠、体内微生物群和猪血液代谢物影响的研究。

BSF可以利用粮食生产的废弃物来养殖，有望成为一种更可持续的饲料蛋白质来源。研究人员对两组育肥猪进行研究，一组饲喂以普通豆粕为蛋白质来源的日粮，另一组饲喂以BSF幼虫为蛋白质来源的日粮。然后，收集了猪小肠微生物群和猪血液中代谢物的相关数据。运用饲料经济学研究方法详细分析了猪对不同日粮的反应，该研究有助于同时评估营养对猪局部肠道水平和全身血液水平的影响。结果表明，BSF 促进了肠道微生物菌群的生长，这些微生物菌群既是反映猪肠道健康的指标，也是有益微生物，对猪的健康具有积极影响。简言之，与饲喂常规豆粕相比，饲喂 BSF 猪的健康状况甚至更优。

来源：Wageningen University & Research

动物疾病防治

英国科学家发现非遗传因素对降低家禽中弯曲杆菌水平至关重要

弯曲杆菌是引起全球食源性胃肠炎的主要致病菌。人在处理或食用受污染的鸡肉后很容易感染弯曲杆菌，出现腹泻和严重并发症。调查显示，英国出售的新鲜鸡肉中有 1/2 以上受到弯曲杆菌污染，每年有超过 50 万英国人被感染，损失约 5 000 万英镑。

由于缺乏有效疫苗和屠宰前控制家禽体内弯曲杆菌的方法，人们开始培育对弯曲杆菌定殖具有抗性的鸡品种。近日，英国罗斯林研究所（Roslin Institute）的研究人员在鸡体内发现了能对弯曲杆菌产生抗性的相关基因，并确定了与弯曲杆菌耐药性有关的区域。

为了发现鸡的基因序列中与弯曲杆菌定殖的抗性相关基因，研究人员分析了 3 000 只肉鸡的基因序列，寻找鸡基因组中特定位置的变异及其与鸡肠道中弯曲杆菌数量的关系。

该研究表明，虽然基因因素影响弯曲杆菌的定殖，但鸡对弯曲杆菌定殖的抗性遗传性较弱，非遗传因素在弯曲杆菌携带中起着更重要的作用。因此，深入研究非遗传因素和环境因素的作用对于进一步降低家禽中弯曲杆菌水平至关重要。

来源：The University of Edinburgh

基因编辑技术帮助预防猪流感

英国罗斯林研究所（Roslin Institute）进行的一项综述性研究表明，基因编辑技术有望遏制农场猪流感病毒和降低大流行的风险，可以有效地补充目前预防疾病的策略。研究发现，基因编辑技术可以用来精确地改变导致猪流感病毒感染的基因，培育抗猪流感的猪。这种方法已被用来预防影响猪的其他病毒。基因编辑技术还可用来提高疫苗的有效性，降低制造成本。该研究发表在《猪健康管理》（*Porcine Health Management*）上，由英国生物科技研究委员会和英国 Genus PIC 种畜公司资助。

来源：The University of Edinburgh

牛的免疫细胞将帮助治疗人畜共患病

英国罗斯林研究所（Roslin Institute）、皮尔布赖特研究所（Pirbright Institute）、牛津大学（University of Oxford）等机构的一项合作研究表明，在牛身上新发现的黏膜相关恒定 T 细胞，其功能与人体内的黏膜相关恒定 T 细胞非常相似，可用于抵御细菌和病毒感染，并在伤口愈合和疫苗反应中发挥作用。这项研究成果将有助于牲畜和人类疾病的研究和治疗。在该研究中，科学家们首次利用与黏膜相关恒定 T 细胞受体结合的分子来鉴定和表征牛体内的粘膜相关恒定 T 细胞。他们观察到，在牛体内黏膜相关恒定 T 细胞主要分布在内脏和体腔的黏膜组织以及抵抗感染的淋巴结中。患有乳腺炎或感染牛结核病的奶牛分泌的牛奶中黏膜相关恒定 T 细胞的数量增加，表明这些细胞参与了奶牛对这两种主要细菌感染的免疫反应。该研究发表在《免疫学前沿》（*Frontiers in Immunology*）上，论文题名为 "*Identification and phenotype of MAIT cells in cattle and their response to bacterial infections*"。

来源：The University of Edinburgh

USDA研制出禽用抗球虫病口服溶剂

球虫病（Coccidiosis）是一种损害家禽肠道的寄生虫病，该寄生虫可通过受感染的土壤、饲料或饮水在畜禽间传播，每年给全球的家禽产业造成的损失达 35 亿美元。美国农业部农业研究服务中心（USDA-ARS）和美国生物制药公司（US Biologic,Inc.）的研究人员研发了一种口服的抗生素替代品用于防治家禽球虫病。该研究发表在 6 月的《兽医科学前沿》（*Frontiers in Veterinary Science*）上。

研究显示，被感染的鸡喂食口服溶液后，体重减轻的程度更小，肠道健康状况得到改善，粪便中的传染性细菌减少，疾病的传播也大大减少。结果证实该口服溶剂有助于有效降低寄生虫的繁殖力，减少疾病的传播并改善家禽的肠道健康，有希望取代球虫抗生素。

USDA-ARS 和 US Biologic 已经申请了这项技术的专利，US Biologic 已

签署了一项全球独家商业化协议，以开发和授权该技术用于工业用途。该项目由美国农业部国家食品与农业研究所的小企业创新研究计划和 USDA-ARS 资助。

来源：USDA

牛体内发现耐抗生素细菌

美国佐治亚大学（University of Georgia）的最新研究表明，食用的动物体内沙门氏菌的含量可能远高于科学家此前认为的水平。这项研究发现，用于检测家畜是否携带致病细菌的传统培养方法经常会漏筛沙门氏菌的耐药菌株。这一发现对治疗患病的动物和因食用受污染肉类而感染的人具有重要意义。这项研究发表在《抗菌剂与化疗》（*Antimicrob Agents Chemother*）上，由美国农业部国家粮食和农业研究所资助。

研究结果表明，60% 的牛粪便样本含有传统检测方法漏检的多种沙门氏菌菌株，每 10 个样本中就有 1 个样本被检测出一种沙门氏菌耐药菌株阳性。沙门氏菌除了对抗生素具有抗药性外，还会导致人患上严重的疾病。

目前的监测工作可能低估了现有的抗生素耐药性细菌的数量。追踪抗生素耐药性的机构，例如美国食品药品监督管理局（FDA）、美国农业部（USDA）和美国疾病控制与预防中心（CDC）等，仍然依赖传统的抽样方法，这意味着其数据库可能缺少某些耐药细菌。

来源：Newswise

英国利用"基因接触者追踪技术"遏制牛结核病

英国爱丁堡大学 2021 年 11 月 2 日报道，一项研究表明，利用基因接触者追踪技术可以确定牛结核病爆发的源头，从而对病情加以遏制，这标志着一种新的疾病管理方法的产生。牛结核病是一种中传染性呼吸道疾病，主要通过吸入空气中的有毒颗粒传播。它是由牛结核分枝杆菌引起的，可在人、畜、禽之间相互传播。仅在英国，疾病控制每年花费可达 1 亿英镑。来自爱丁堡大学、约克大学、都柏林大学和英国动植物卫生署的研究人员开发了一种新方法，可以通过将基因数据与空间位置数据、接触者轨迹相结合来跟踪疫情。因此，能够在 DNA 从一种动物传播到另一种动物时，对其细微的变化进行比较。该方法是建立传染病传播模型的有效方法，并可能被用于了解其他疾病的复杂传播模式。这项研究由英国生物技术与生物科学委员研究会（BBSRC）和英国环境食品和乡村事务部（Defra）资助。

来源：The University of Edinburgh

利用基因编辑技术识别鲑鱼的抗病基因

欧洲科学家发现一种新抗病基因，该基因对一种能导致养殖鲑鱼和鳟鱼高死亡率的病毒具有抗性。这一发现结合基因组学和基因编辑技术，为研究一些鲑鱼对传染性胰腺坏死病毒（IPNV）有抵抗力而另一些易受感染提供了线索。

研究小组利用之前对幼鲑进行疾病研究的数据和样本，应用全基因组测序对先前与 IPNV 抗性相关的 DNA 区域进行了精细定位。重点研究了一个名为 *Nedd8* 激活酶 E1（*Nae1*）的基因。研究人员使用基因编辑技术从鲑鱼细胞中移除 *Nae1* 基因，或在不同的实验中使用化学方法阻止由该基因形成的 *Nae1* 酶在鲑鱼细胞中发挥作用。结果显示，在这两种情况下，通过限制 *Nae1* 在暴露于病毒的细胞中的功能，导致细胞中病毒的复制显著下降。该小组现在将重点评估 Nae1 对接触病毒的幼鲑抗病性的影响。

这项研究将有助于鱼类的精确选择育种，持续成功地控制疾病。该研究是最早将基因编辑应用于养殖鱼类抗病性的研究之一，突显了该技术在提高其他鲑鱼品系或虹鳟等类似物种抗病性方面的潜在应用价值。

研究得到英国生物技术和生物研究委员会及荷兰汉德克斯育种公司（Hendrix Genetics）的资助，研究结果发表在《基因组学》（*Genomics*）上。

来源：The University of Edinburgh

USDA候选疫苗可阻止非洲猪瘟病毒传播

美国农业部农业研究局（USDA-ARS）9月30日在其官网上发布消息称，ARS开发的一种非洲猪瘟病毒（ASFV）候选疫苗已被证明可以预防和有效保护欧洲和亚洲饲养的生猪免受当前流行的ASFV亚洲毒株的感染。

非洲猪瘟（ASF）于2007年传入欧亚接壤的格鲁吉亚共和国，在野生和家养猪中会引起致命的疾病暴发。自本轮疫情爆发以来，ASF对东欧和整个亚洲各国的猪群造成了广泛和致命的影响。全球食品供应中的大多数生猪产自亚洲，ASFV在亚洲的传播给养猪业造成巨大的经济损失。但美国尚未发生非瘟疫情，这种病毒不能从猪传染给人。

美国农业部的研究表明，接种疫苗后第2周，约1/3的猪出现免疫力，到第4周，所有猪都获得全面保护。测试结果表明，候选疫苗在欧洲和亚洲猪种中均具有对亚洲ASFV毒株的免疫效力，该候选疫苗已能够进行商业化生产。预计ASFV的商业疫苗将在控制威胁全球猪肉供应的持续疫情中发挥重要作用。研究人员将继续研究确定疫苗在商业生产条件下的安全性和有效性。迄今为止，ARS已成功设计并获得了5种ASF实验疫苗专利，并已与制药公司签署了7项疫苗开发许可证。

来源：USDA

资源环境与农产品安全

气温升高会增加水稻中的砷含量吗？

水稻养活了世界上约一半的人口，但是它很容易受到气温上升的影响，温度的升高加速了水稻对土壤中砷的吸收。砷是一种与多种癌症有关的有毒物质，过量累积会引发健康问题。华盛顿大学（University of Washington）的研究人员发现，是一种微生物介导的反应将砷从土壤中提取出来并释放入水中，并最终为水稻根部吸收。这项研究揭示了这种潜在有毒物质转移的根本原因。研究结论已发表在《总体环境科学》（*Science of the Total Environment*）上。

不同于大多数作物，水稻因其特殊的生长环境（淹水导致土壤缺氧），特别容易富集砷。因为在缺氧环境中的微生物通过正常的代谢反应将砷释放到土壤的孔隙水中。而一旦从土壤颗粒中释放出来，这种孔隙水中的砷就会被水稻的根部吸收。

此前的研究主要集中在高温胁迫及其对水稻生长方式的影响上，这也可能使水稻更容易富集砷。新的研究表明，水稻籽粒砷含量与温度有很强的相关性，并证实在较热的条件下土壤孔隙水含砷量较高。研究小组通过质量平衡计算证明，砷的生物有效性增加是导致植物中砷含量升高的主要原因。

研究人员指出，减少水稻中砷含量超标的解决方案应该集中于限制这种毒素的供应。一种方法是让水稻土壤干湿交替，改变土壤厌氧环境；另一种可能的解决方案是种植耐砷的水稻品种。

来源：Eos

墨尔本大学研究人员提出评估食品生产中氮损失的框架

在 2020 年美国农学会 - 作物学会 - 土壤学会年会（ASA-CSSA-SSSA Annual Meeting）上，墨尔本大学（University of Melbourne）研究人员介绍了一种可以准确评估各种作物和食品生产过程中氮损失的框架。该框架可评估氮损失造成的环境影响和社会成本，并为消费者、生产者以及决策者提供相关信息。

该框架的数据库包含了全球范围内 115 种作物和 11 种畜禽，通过测量总氮损失和氮损失强度，可以更好地比较不同作物和食品的差别。研究显示，不同食品的氮损失数量和损失强度差异很大，尤其在不同农民和国家之间进行比较时。通常情况下，畜禽的氮损失强度远大于作物的氮损失强度。从氮损失总量来看，养牛业对全球氮损失的贡献最大，其次是大米、小麦、玉米、猪肉和大豆的生产。牛肉也是氮损失强度最高的食物，其次是羊肉、猪肉和其他畜产品，这证实了改变饮食结构对减少氮损失的重要性。

氮损失可产生光化学烟雾、破坏臭氧层，进而引起全球气候变化，损害动植物生产。此外，空气和水中高含量的氮还会引起人类疾病。为此，研究人员提出了3种解决氮损失的方案。一是采用新技术新方法，包括在农田使用更好的施肥技术、改良作物品种以及遵循"4Rs"（即在适宜的时间、合适的位置、适量使用适宜的肥料）；二是经济上采取激励措施，鼓励采用可持续的方法来保持土壤氮素，包括减缓土壤退化、侵蚀以及避免肥料过度使用；三是改变人们的生活习惯，包括减少肉类消费和减少食物浪费。

来源：American Society of Agronomy

转基因大豆、油菜不会对生物多样性产生影响

近期，日本农林渔部（MAFF）表示：日本已对转基因大豆或油菜进行了15年研究，但截至目前，还没有迹象表明转基因大豆或油菜对周边地区的生物多样性有任何影响。

日本2006—2020年一直在调查转基因大豆、油菜的生长情况以及在其生长地区是否存在与其相关物种杂交的情况。对于大豆，MAFF研究团队在存在转基因大豆和野生大豆的地点进行了调查，转基因大豆和野生大豆被认为是"可以与转基因大豆杂交的密切相关物种"。调查覆盖了距转基因大豆种植点半径约为5 km的地区，使用植物的叶子进行分析。研究人员对已知存在于转基因大豆中的除草剂抗性基因和害虫抗性基因进行了分析，没有观察到转基因大豆和野生大豆之间的杂交，也没有观察到具有不同抗性的转基因大豆之间的杂交。

对于油菜，在调查中观察到约19%的样本涉及转基因油菜将重组基因传

播到其他具有不同基因或密切相关的非转基因物种，但基于遗传交叉率评估（根据 MAFF 的说法，非转基因物种的正常交叉率在 5% ~ 30%，19% 的比率被认为是处于"安全范围内"），不被认为具有重大的生物多样性影响。

日本是世界上最大的转基因食品进口国之一，已批准 200 多种转基因食品或食品添加剂。2019 年，日本卫生劳动福利部（MHLW）下属的一个专家小组宣布，将允许某些类型的转基因食品（特别是那些使用基因编辑技术制造的食品）在日本上市。然而，尽管转基因食品获得了政府的认可，日本公众仍然对转基因食品存疑，40% 的女性和 25% 的男性认为食用转基因食品通常是不安全的，消费者群体还认为，最近批准的基因编辑食品过于草率，可能导致意想不到的不良后果。

来源：FoodNavigator-Asia

美国计划利用基因编辑作物应对气候变化

为了将更多的碳储存在地下，减少大气中二氧化碳含量，索尔克生物研究所（Salk Institute for Biological Studies）的研究人员计划提高作物的吸碳能力来应对气候变化。他们利用基因编辑技术培育出可生出更大、更多根的作物品种，这些根会吸收更多的碳。作为"植物利用计划"（Harnessing Plants Initiative）的一部分，该团队已完成对模式植物的测试，并开始在更广泛种植的作物上进行首次实验，例如大豆、水稻、小麦和油菜。

此举也招来一些非议。一些批评者认为，解决气候问题的办法不是弄清楚如何吸收产生的碳，而是首先要减少碳的排放。但研究人员坚信，这项研究仍然值得。尽管需要减少碳的排放，但立即停止使用化石燃料的做法不切合实际。现阶段需要尽一切可能使大气中二氧化碳含量处于安全水平，而这就是该解决方案的价值所在。

来源：KCRW

欧盟：将食物垃圾转化成可持续利用的生态饲料资源

根据欧盟数据，欧盟28个国家每年有近9 000万吨食物被浪费，价值高达1 450亿欧元。食物浪费是全球碳排放的主要根源。为此，欧盟委员会启动了"食物损失和食品浪费欧盟平台"，设定目标为：到2030年，零售和消费中的人均食物浪费减半，食物生产和供应链中的食物损失减少。

荷兰政府于近期表示，将重点研究食物垃圾向动物饲料的转化。为最大限度地利用食物垃圾，荷兰瓦赫宁根大学（Wageningen University & Research）与一个由动物饲料生产商、环境和动物福利组织、餐饮公司组成的联盟正在研究如何安全地将来自餐饮业和零售业的食物垃圾转化为动物饲料（即生态饲料）。该项目资金部分来自荷兰农业、自然和食品质量部。

英国首个大型昆虫农场于2020年底建成，该项目的目的是利用昆虫将食物残渣转化为牲畜饲料。项目运营商Entocycle初创公司获得1 000万英镑的资金用于建设英国第一个工业规模的昆虫农场。黑兵苍蝇被用来将农场和工厂中回收的食物垃圾转化为可持续的有机昆虫基蛋白质饲料，作为大豆的替代品，用于农场动物（猪、鸡和鱼）饲料。英国2020/2021年度共有4.9万吨剩余食物被重新分配给慈善机构、社区团体、养殖机构等用作再分配食品、动物饲料和宠物食品，以防止浪费。比2019年的剩余食品利用率提高了33%。

欧盟的REFRESH研究项目（2019）在运行期间开发了再加工食物垃圾的技术，例如利用食物垃圾饲养昆虫以作为动物饲料、生产燃料和化学品，以及利用菊苣残渣生产食物纤维。该项目的实施大大推进了欧盟国家间的合作，降低了食物浪费水平，并证明了食物垃圾可被安全用作动物饲料原料。

来源：Wageningen University & Research、CORDIS

卡塔尔利用生物技术开发基于耐盐微生物的生物肥料

近期，卡塔尔大学（Qatar University，QU）可持续发展中心宣布将开展一项利用耐盐微生物生产生物肥料的项目研究。该项目旨在以可持续的方式提高卡塔尔的粮食安全，也将促进卡塔尔与技术发源地突尼斯之间的国际合作。

　　研究人员计划开发的这种新型生物肥料不仅可以提高作物产量和果实质量，还可以改善土壤质量，提高植物的耐盐能力，使盐度更高的水能够用于农作物灌溉，从而促进粮食、果蔬等传统作物的可持续生产，并极大缓解由于地下水资源稀缺带来的农业用水压力。突尼斯的技术研发团队表示：这项技术将对卡塔尔食品供应链的可持续性产生重大影响，并期待看到它的实际应用。

来源：Qatar University

西班牙开发啤酒工业副产品的农用价值

　　来自西班牙内克巴斯克农业研究与发展研究所（the Neiker Basque Institute for Agricultural Research and Development）的研究人员发现，啤酒工业的副产品可用作有机的土壤改良剂，改善土壤质量，提高农作物产量，促进循环经济。研究成果发表在国际学术期刊《可持续粮食系统前沿》（*Frontiers in Sustainable Food Systems*）上。

　　新研发土壤改良剂的成分包括啤酒工业副产品啤酒糟（用于酿造啤酒的谷物残渣）、油籽饼和牛粪。啤酒糟和菜籽饼是两种潜在的有机肥料，其高氮含量可促进土壤中有益微生物的活性，有助于分解有机物（如粪肥），杀死造成植物根部缺氧的线虫和其他破坏作物的寄生虫。

　　在使用这种土壤改良剂后，研究人员发现作物根系受到的损伤明显减少。此外，在第 1 次施用 12 个月后，作物产量增加了 15% 左右，土壤中健康的土壤微生物数量增加，土壤呼吸速率显著提高。研究结果表明，将啤酒糟与菜籽饼结合用作有机肥料是控制土壤线虫数量、促进有益微生物生长、提高作物产量、减少啤酒工业废弃物的有效途径。

来源：European Scientist

利用废弃生物质制备生物可降解薄膜

美国南达科他州立大学的研究人员利用农作物残渣和天然牧草制造出一种透明的、可生物降解的薄膜。该研究由美国农业部拨款支持。

研究人员从玉米、大豆、小麦和燕麦秸秆以及柳枝稷和草原索草中提取纤维素，然后将其溶解，制成坚固的、可生物降解的薄膜。利用农业生物质生产出的可降解产品，可以替代石油基塑料，减少包装材料对环境的影响，并为农民带来额外的收入。

前期的研究已实现将玉米秸秆的纤维素提取物制备成可生物降解薄膜，但由于木质素的存在，该薄膜呈灰色。现阶段的研究通过去除木质素，可以从玉米秸秆中获得纯白色纤维素材料。此外，还开发了一种提取浆状纤维素混合物（由玉米秸秆制成）的工艺。目前，研究团队正在将提取工艺应用于其他农业副产品和本地牧草。由于原料成分不同，需针对每种类型的原料调整纤维素馏分工艺。

理想的可生物降解薄膜应该具有 3 个属性：足够坚固（能够抵抗撕裂）、透明（制造商可以添加任何颜色），并且可以生物降解（目标是 30 ～ 60 d）。在实现这些目标后，研发人员将对整个生产过程的经济可行性开展进一步研究。

来源：Newswise

食品科学

加拿大研究人员培育出新型细胞培养肉

近日，来自加拿大麦克马斯特大学（McMaster University）的研究人员通过将培养的肌肉和脂肪细胞薄片堆叠在一起来，培育出一种可食用的新型细胞培养肉。研究人员首先将打印纸厚度的活细胞片放入培养皿中培养，然后放在生长板上剥离、堆叠或折叠在一起。在细胞死亡之前，这些薄片会自然地相互连接。该技术来自用于人类移植的组织生长方法。相关研究成果于2021年1月13日发表在《细胞－组织－器官》（Cells Tissues Organs）上。

研究人员介绍，新型细胞培养肉能够制成任何厚度，模拟任何肉块的脂肪含量和肉脂纹路，消费者可根据喜好购买到任意脂肪比例的肉类。与其他培养肉相比，这种肉更具自然风味，口感更好。

当前，全球正处于肉类供应危机。世界范围内的肉类需求不断增长，而肉类消费却造成土地和水资源紧张，并产生大量温室气体。因此，在无需繁养动物的情况下生产的肉类将更可持续、更卫生、更节约资源。尽管已经开发出其他形式的细胞培养肉，但麦克马斯特大学的研究人员认为，他们的细胞培养肉更有潜力开发出令消费者接受、享用和负担得起的产品。目前，他们已经成立一家初创公司，开始将该技术商业化。

来源：McMaster University

英国开发出可降低血糖的新型抗性淀粉

来自 Quadram 研究所和伦敦国王学院（King's College London）的研究人员开发出一种可减少精制碳水化合物产品血糖反应的新型豆类成分 PulseOn。这种从鹰嘴豆中提取的替代面粉与传统白面粉相比，能够将血糖反应降低 40%。

小麦淀粉是膳食中碳水化合物的主要来源，但在面包和许多其他加工食品中，它被人体很快消化为葡萄糖，导致血糖含量大幅上升。有大量证据表明，长期食用引起高血糖反应的食物与 Ⅱ 型糖尿病的发生有关。为消费者提供的更好地控制血糖的食物和成分，有助于应对这些健康挑战。

豆类含有大量的抗性淀粉，其消化缓慢，能够避免潜在血糖飙升。但当这些作物被磨成面粉并加工成食品时，大多数有益的抗性都消失了，淀粉就变得非常容易消化。

PulseOn 采用碾磨和干燥工艺制成，可保留完整的细胞结构，使淀粉更耐消化。这种Ⅰ型抗性淀粉与全麦食品中发现的淀粉相同，可广泛添加到食品中以增强其健康特性，为开发新一代低血糖食品提供了条件。消费者食用含有 PulseOn 成分的面包将获得更高的纤维和蛋白质含量，有助于控制血糖水平和降低患Ⅱ型糖尿病的风险。该技术已获得专利保护，科研团队正研究这项加工技术的商业开发。

来源：Food Ingredients First

英国研究指出新型食品将成为未来饮食选择

英国剑桥大学（University of Cambridge）研究指出，未来全球粮食供应将无法通过提高粮食产量等传统方法来保障，建议将最先进的受控环境系统和新型食品生产纳入食物系统，以减少因环境变化、病虫害而造成的损失。相关研究成果发表在《自然—食品》（*Nature Food*）上。

研究指出，受各种无法控制的因素造成的影响，依赖传统农业和供应系统生产食物存在一定风险。此外，食物系统还面临诸多环境挑战。而"未来食品"作为传统食物的替代品，可在模块化、紧凑型的系统中大规模种植。"未来食品"包括微藻（包括小球藻和螺旋藻）、大型藻类（包括糖海带和贻贝）、真菌蛋白以及昆虫幼虫（包括黑水虻、家蝇和黄粉虫）等。同时，利用"多中心食品网络"（Polycentric Food Networks），食物可由当地社区持续生产，减少对全球供应链的依赖。这将改变食物系统的运作方式，解决世界各地面临的营养不良问题。

来源：New Food Magazine

干黄粉虫获欧盟首个可食用昆虫上市许可

5月3日，干黄粉虫获得欧盟植物、动物、食品和饲料常务委员会批准，成为欧盟首个获得上市许可的可食用昆虫。应法国 EAP 集团 Agronutris 公司申请，2021年1月欧盟食品安全局对干黄粉虫和黄粉虫粉末进行了积极的风险评估，认为这种昆虫在推荐使用条件下食用是安全的，同时，强调了过敏性问题，建议对黄粉虫的致敏性进行研究。在获得成员国批准后，欧盟委员会将在未来几周内起草并通过立法，批准将这种昆虫作为一种新型食品推向市场。此前，欧盟"从农场到餐桌"战略已将昆虫列为"可持续和新型饲料材料和食品"之一，"欧洲地平线"计划也将昆虫蛋白列为研究的关键领域之一。

来源：EURACTIV

美国机构呼吁政府将替代蛋白作为"国家优先事项"

近日，以 Good Food Institute（GFI）机构为首的替代蛋白行业联盟呼吁美国政府将替代蛋白领域投资作为2022财年预算的"国家优先事项"。该联盟希望替代肉类研发获得更多财政支持，声称大规模投资对于实现"净零碳排放""气候适应型世界"至关重要。在给国会的公开信中，该联盟要求美国农业部和国家科学基金将现有5 000万美元的资金用于促进替代蛋白研发，这对于推动替代蛋白基础研究、降低成本、加快市场准入至关重要。GFI 认为，农业、粮食系统和供应链在塑造粮食未来和到2050年实现"净零碳排放"方面发挥着关键作用，并强调公共和私人研发将对科学和社会进步产生协同效应。

来源：Food Ingredients First

最新3D生物打印技术制作神户牛排

大坂大学（Osaka University）的科学家们利用从神户牛身上分离出的干细胞进行 3D 打印，打印出一种含有肌肉、脂肪和血管的肉类替代品，其排列方式与传统牛排非常相似。研究结果于 8 月 24 日发表在《自然—通讯》（*Nature Communications*）上。

神户牛肉因其高含量的肌间脂肪而闻名全球，呈现大理石花纹，具有独特的风味和质地。然而，鉴于牛群养殖会产生大量温室气体，被认为是不可持续的。目前，人造肉纤维结构略逊于天然肉，尚无法完美重现真正牛排的复杂结构。

研究人员以神户牛肉的组织结构为蓝本，开发了一种可以生成定制复杂结构的 3D 打印方法。研究小组从两种干细胞（牛 satellite 细胞和脂肪来源干细胞）入手，在合适的实验室条件下，这些细胞可以被诱导分化成生产养殖肉所需的各种类型的细胞。利用生物打印技术，从这些细胞中制造出包括肌肉、脂肪或血管在内的单个纤维。然后按照组织结构以 3D 方式复制真正的神户牛肉的结构。这一过程使以定制方式重建复杂的肉组织结构成为可能。通过改进这项技术，不仅能复制复杂的肉结构，还可以对脂肪和肌肉成分进行细微的调整，是一种具有良好应用前景的技术。

来源：Osaka University

智慧农业

印度利用无人机帮助杂交水稻授粉

近期，印度 Jayashankar Telangana 国立农业大学（PJATSU）的农业创新中心和当地的一家无人机公司正在进行一项利用无人机授粉的研究，以辅助印度政府通过人工智能技术推动农业创新。这项研究发现旋翼无人机产生的风场对水稻花粉的分布有显著影响，将直接影响到杂交水稻的育种。专家认为，人工成本的增加和机器辅助授粉可能造成的损失或将导致人工和机械授粉不被优先考虑，无人机授粉在未来将成为种植者的选择。

已有的研究结果表明，传统的绳索和棍棒授粉率分别为 100% 和 86%，自然风授粉率为 36%。相比之下，熊蜂的授粉率可达 64%。虽然熊蜂的授粉率不如绳索和棍棒，但比自然风的授粉率要高得多。通过成本－收益分析，无人机的授粉方式优于其他授粉方式。

来源：New Indian Express

美国使用卫星技术管理农作物生产

科罗拉多河流域（Colorado River Basin）和加州萨利纳斯山谷（Salinas Valley）位于美国西南部，作为主要农业产区，拥有超过 50 万名员工，年产值约 120 亿美元，生产的水果和蔬菜供应全美各地。由于农业灌溉用水量和水质逐年下降，加之持续干旱，如何更有效地利用现有水资源，保护水源免受因管理不善造成的富营养化和盐污染成为科学家们研究的重点。

为此，美国农业研究服务局（ARS）的研究人员计划使用卫星技术帮助上述地区农民提高灌溉、施肥和病虫害管理水平。主要有三项任务：一是计算项目区域的作物用水量及整个区域作物用水量的异常情况；二是开发帮助种植者避免盐碱化、减少肥料淋失的工具；三是收集现场数据以验证卫星算法。

通过将高分辨率（12 英尺）商业卫星数据与现有政府卫星平台和气象数据进行整合，并利用人工智能技术，研究人员可帮助农民准确找出那些更需要加强管理的区域。这些内容可以每天通过智能手机应用程序免费发送给农民。此外，还会为农民提供集合高分辨率卫星图像、机器学习和云处理的工具，这将帮助农民进行田间调查，确保在产量大幅下降之前及早发现问题。

来源：USDA

澳大利亚开发出监测土壤湿度的AI传感器

解决未来农业用水需求的一种方法是开发高效便捷的灌溉技术，通过对土壤湿度的精确监测，传感器能够引导智能灌溉系统在合适时间按照最佳比例进行灌溉。传统埋入式传感器易受基质中盐分影响，且热成像相机价格昂贵，易受到光线强度、雾气和云层等气候条件影响，因此需要对监测土壤湿度的方法进行改进。

近日，澳大利亚南澳大学（University of South Australia）和伊拉克中部技术大学（Middle Technical University）的科研人员通过使用传统数码相机和机器学习技术，开发出可精确监测土壤湿度的 AI 传感器。该传感器由相机和机器学习软件"人工神经网络"（ANN）组成，可在不同距离、时间和光照条件下通过分析土壤颜色差异来准确确定土壤水分含量。通过对 ANN 进行训练，监测系统还可识别任何地点的特定土壤湿度，并根据不断变化的气候环境即时更新，从而获得最大的精度。

该团队计划根据算法，使用微控制器、USB 摄像头和水泵设计出一套经济高效的智能灌溉系统。该系统可适用于不同类型的土壤，并有望在成本、可用性和准确性方面作为提高农业灌溉技术的工具。

来源：University of South Australia

巴西开发出首个用于柑橘黄龙病检测与控制的智能传感器

巴西初创公司 Adroit Robotics 开发出世界首个用于监测整个柑橘园的智能传感器技术 LeafSense。该技术由传感器和人工智能技术组成，通过分析大量高分辨率图像，可逐个评估柑橘园的每棵果树和果实，进行果树产量预测以及检测柑橘黄龙病等病虫害，使果农能够快速、客观地获得有关果园生产力和健康状况的详细信息。此外，LeafSense 还可确定果实的成熟阶段，计算果实数量和大小、果树密度以及地上树冠和果实的体积。由于设备完全自动化运行，可以更加频繁地进行病虫害症状监测，从而弥补常规检查的不足，有针对性地制定防治策略。

来源：AgroPages

瑞典开发出实时监测植物糖水平的生物传感器

据 Future Farming 网站报道，瑞典林雪平大学（Linköping University）的研究人员开发出可实时监测植物组织深处糖水平的生物传感器。该传感器基于植入式有机电化学晶体管，改变了过去试验中通常使用的分离植物组织的方法，能够在不损害植物的情况下连续两天进行监测，收集到的信息可用来提高作物适应气候变化的能力。

目前，植物的代谢调控机制以及糖水平的变化如何影响植物生长仍然相对未知，但生物传感器为进一步解开这个谜团提供了可能。尽管现阶段生物传感器主要用于基础植物科学研究，但未来应用前景广阔。在农业领域，可优化作物生长条件或监测产品的质量。同时在了解胁迫条件下植物糖水平如何变化的基础上，将用来指导在非最佳自然条件下种植新型植物。

来源：Future Farming

中国科学家研发出穿戴式茎流传感器

浙江大学科研人员基于植物茎秆的生理特性，结合材料、微观力学和纳米制造等方面的最新成果，联合研发出一种穿戴式茎流传感器。相关研究成果发表在《先进科学》（*Advanced Science*）上。

穿戴式茎流传感器超薄、柔软，可附着在各种草本植物表面（如叶和茎）连续进行茎流监测，同时避免对植物产生生理影响。通过在西瓜茎秆的几个关键部位安装茎流传感器，科研人员持续观察到水分在西瓜叶片、果实和茎秆等不同器官的动态分布。根据对茎流数据的分析，首次发现果实生长与光合作用的不同步现象，间接证明了西瓜果实生长主要发生在夜间。这不仅改变了人们对植物生长发育过程的传统认知，还为作物高产育种和栽培技术研发提供了新思路。

来源：SeedQuest

德国研发出实时显示植物生长素分布的生物传感器

据德国拜罗伊特大学官网报道，该校和马克斯·普朗克发育生物学研究所的研究人员研发出一种新型生物传感器 AuxSen，相关研究成果发表在最近的《自然》（*Nature*）上。

该传感器可实时显示植物细胞中生长素的空间分布，能够迅速检测出环境条件变化对植物生长的影响，为研究人员打开了对植物内部运作的全新视角。其特别之处在于，它不是一种必须引入植物的技术设备，而是植物经过改造后自行产生的人工蛋白质。在传感器的开发中，研究人员发现大肠杆菌中的一种蛋白质可与两种荧光蛋白偶联，并且当两种配对蛋白非常接近时会发生荧光共振能量转移（FRET），但与生长素的结合较弱。利用这种特性，他们对蛋白质进行基因修饰，使其与生长素更好结合，并且只有在和生长素结合时才会发生 FRET 效应，从而通过强烈的荧光信号显示细胞组织中生长素的位置。在这个过程中，研究人员对蛋白质如何被选择性地改变以结合特定小分子有了基本的认识。未来几年，该生物传感器有望进一步优化，以便更好地分析植物中生长素调控的各种过程。

来源：University of Bayreuth

美国首次提出超精准农业概念

据报道，爱荷华州立大学（Iowa State University）和伊利诺伊大学香槟分校（University of Illinois Urbana-Champaign）的研究人员首次在 COALESCE 项目中提出超精准农业（Ultra-precision Agriculture）概念。COALESCE 旨在

建立一个与规模无关的信息农业系统，在农场覆盖区域提供个性化的植物管理，将信息物理原理引入可持续农业。COALESCE 项目为期 5 年，得到了美国国家科学基金会和美国农业部国家粮食与农业研究所 700 万美元的资助。

研究人员认为，超精准农业是将传感、建模和推理方面的最新网络功能引入农作物种植管理，使农民以较低的成本、更大的灵活性和更小的环境影响来应对作物面临的害虫、干旱及土壤贫瘠的压力，并最终取代对化肥、农药等化学投入品的依赖。具体包括：

◎ 生物物理实体的个性化建模。创建个性化植物模型的原则性方法，将多尺度数据与已知的生物物理和生理知识紧密耦合，确保模型预测遵循已知的生物物理规则，从而确保普遍性。

◎ 基于多模态数据融合和鲁棒学习（robust learning）的个性化感知。在不同规模的环境和植物生理条件下进行多模态测量来估计状态变量、更新个性化模型，并采用鲁棒机器学习方法对多尺度、多模态数据进行特征提取和融合。

◎ 使用灵巧机器人的个性化驱动。个性化驱动包括局部化学品和水的分配（喷洒、渗灌）以及作物机械管理操作，需要灵巧的驱动器来实现精确的施肥及施药。

来源：Iowa State University

西班牙研发出激光除草自主式田间机器人

据 Future Farming 网站报道，西班牙国家研究委员会（CSIC）和马德里理工大学（CARCSIC-UPM）的研究人员开发出一种可运用高功率激光器除草的自主式田间机器人。该研究由欧盟"地平线 2020"WeLASER 项目资助，旨在"开发基于前沿技术的杂草管理非化学解决方案"，预算为 540 万欧元，为期 3 年。

WeLASER 机器人配备人工智能和智能视觉系统，依托精密扫描仪，能准确区分出杂草和农作物，并确定每种杂草分生组织（负责植物生长）的位置。机器人的除草系统由高性能激光源组成，发出的激光射线可准确杀死分生组织。该机器人能够识别至少 90% 的杂草及分生组织，精度约 1.5 mm，并可杀死 90% 检测到的分生组织，整个系统的效率约为 65.61%。机器人可适用于任何作物，目前重点是甜菜、小麦和玉米。

该技术为杂草防除提供了一项清洁的解决方案，有助于减少环境中的化学物质，提高农业生产率，实现更高水平的环境可持续发展，将显著改善动物和人类健康。未来 3 年，研究人员将进一步整合系统，并在项目第 2 阶段把平台转换为纯电动模式，确保该系统完全可持续，同时为商业化做好准备。

来源：Future Farming

FAO启动新的全球信息系统以应对全球动物疾病威胁

联合国粮食及农业组织（FAO）于 10 月 22 日启动新版全球动物疫病信息系统，呼吁世界吸取新冠疫情经验教训，警惕源自动物疫病的新威胁。在"跨境动植物病虫害紧急预防系统 +"（EMPRES-i+）发布活动上，FAO 总干事屈冬玉指出，"我们需要高度重视和加强动物卫生部门""强大的国际和国家动物卫生体系是预防疫病、确保安全营养食物、保护农民利益的关键"。

非洲猪瘟是目前威胁粮食安全和生计的主要动物疾病之一。据亚洲开发银行称，非洲猪瘟已经在该地区造成了 550 亿～ 1 300 亿美元的损失，最近还蔓延到美洲。当今的全球化和高度互联的世界使疾病得以迅速跨界传播。在这种情况下，疫病信息系统需要更高效地捕获大数据，更敏锐地侦测异常事件，并支持快速共享信息。

EMPRES-i+ 系统升级后的功能包括：

◎ 云计算平台链接其他公共卫生、动物卫生和环境部门的数据平台，用户可以便捷地访问其他部门的数据，并使用所需信息开展进一步分析。

◎ 先进的数据分析工具便于用户轻松识别疫病及其趋势，还可以支持各国规划疾病控制手段和针对性干预措施。

◎ 预报和预警功能帮助各国监测疫病传播和新发疫情的风险，以便提前为可能爆发的疫情做好准备。

来源：FAO

利用机器学习增强农业和医学中基因预测的能力

由台湾大学（National Taiwan University）、纽约大学（New York University）、普渡大学（Purdue University）等机构组成的国际研究团队的一项最新研究发现，机器学习可以精确定位帮助作物在较少肥料下生长的"重要基因"，并且可以预测植物的其他性状和动物疾病。该研究于 9 月 24 日发表在《自然—通讯》（*Nature Communications*）上。

利用基因表达数据预测表型结果，并对具有预测能力的基因进行功能验证是该研究面临的两大挑战。该研究团队应用了一种基于进化的机器学习方法，根据物种内和物种间共享的转录组反应来预测表型。研究证明，使用进化上保守的氮响应基因可以减少机器学习中的特征维度，最终提高基因到性状模型的预测能力。此外，研究人员在功能上验证了 7 种候选转录因子，它们对拟南芥和玉米中的氮利用效率具有预测能力。研究人员还将这种方法应用于其他物种，包括水稻和小鼠，用以预测水稻抗旱性的重要基因和动物疾病。

来源：New York University

研究人员设计出快速检测植物胁迫的便携式设备

新加坡–麻省理工学院研究与技术联盟（SMART）和淡马锡生命科学实验室（TLL）的研究人员设计出一种用于监测植物是否受到胁迫的便携式光学传感——新型便携式拉曼叶夹传感器。

该传感器作为精准农业的有效工具，能在早期诊断出植物缺氮情况，植物缺氮可能导致叶片过早退化和产量下降。该设备还可用于检测其他植物胁迫表型的水平，例如干旱、冷热胁迫、盐碱胁迫和光胁迫。拉曼叶夹探针能检测到的植物胁迫因素范围很广，而且简便快捷，成为农民田间使用的理想之选。

研究表明，在全光生长条件下使用便携式拉曼叶夹传感器进行的活体测量与实验室条件下用台式拉曼光谱仪对叶片切片进行的测量结果一致。此项成果可以最大程度地帮助农民提高作物产量，同时把对环境的负面影响降到最低，包括通过减少氮的流失和向地下渗透，尽可能减少水生生态系统污染。

来源：Massachusetts Institute of Technology

欧美联合开发一种近原子尺度的土壤碳界面成像方法

地球土壤中的碳含量是大气中碳含量的 3 倍以上，但是土壤的固碳过程尚不为人所知。一项新的研究描述了一种突破性的方法，这种方法可以在近原子尺度上成像土壤固碳的物理和化学相互作用，并取得了有意义的结果。这项研究发表在 11 月 30 日的《自然—通讯》（*Nature Communications*）杂志上。该研究得到了美国国家科学基金会、慕尼黑工业大学高等研究院、Andrew W. Mellon 基金会和康奈尔农业与生命科学学院校友基金会的资助。

研究人员利用低温电子显微技术和电子能量损失谱（EELS）技术，展示了有机 - 有机界面的相互作用，而非仅限于有机 - 矿物界面。这种方法将纳米空间分辨率与有机 - 矿物和有机 - 有机界面上解析碳键环境变化的能力结合起来，避免了使用 C 基树脂。因为 C 基树脂通常难以解释原生土壤 C 含量，且不易与外界环境相结合。通过电子显微镜和电子能量损失谱技术，能够在不改变空间结构的情况下直接可视化和分析土壤中有机相和矿物相之间的界面。通过该方法，在有机 - 有机界面上检测到纳米级的碳形态层，发现烷基碳和氮分别富集 4% 和 7%。在有机 - 矿物界面，氮的富集率为 88%，氧化碳的富集率为 33%。这两种界面类型的氮富集表明富氮残基对于碳固存具有更重要的意义。

在这个分辨率下，研究人员首次证明了土壤中的碳与矿物质以及来自有机物质的其他形式碳的相互作用。以前的成像研究只指出土壤中碳和矿物之间的层状相互作用。

由于新技术的分辨率接近原子尺度，研究人员不确定他们所观察的化合物是什么，但他们怀疑土壤中发现的碳可能来自土壤微生物和微生物细胞壁产生的代谢物。该技术揭示了这些有机界面周围的碳层。研究还表明，氮在促进有机和矿物界面之间的化学相互作用方面发挥了重要作用。

来源：Cornell CALS

政策监管

USDA解除对一种耐除草剂转基因高产玉米品种的管制

美国农业部（USDA）12月21日发布公告称，美国农业部动植物检疫局（APHIS）已解除对DP202216玉米品种的管制，该品种由先锋良种国际有限公司（Pioneer Hi-Bred International）利用基因工程技术开发，具有高产、耐草铵膦除草剂性状。

2020年，APHIS对该品种进行了植物虫害风险评估（PPRA）和环境评估（EA），并于2020年7月对评估内容进行了为期30天的公众审查和评议。随后，APHIS考虑了所有公众意见，并根据《国家环境政策法案》（National environmental Policy Act, NEPA）在其最终的环境评估中对其潜在的环境影响进行了彻底审查。

APHIS已经完成环境评估和无重大影响调查（FONSI），并得出结论，确定DP202216玉米及其后代的非管制状态不会单独或集体对人类环境质量产生重大影响，也不会对联邦政府列出的濒危物种及其关键栖息地产生影响。

APHIS的生物技术许可与监管系统显示，自1992年至今，共有172项对转基因作物解除管制的申请提交到APHIS，其中，128项申请已获得批准，确认解除管制。

来源：USDA

英国启动基因编辑公众咨询，标志着与欧盟产生分歧

根据英国政府发表的一项声明，英国环境部于2021年1月7日开启一项针对基因技术管理的咨询。该行动的目的在于避免基因编辑（GE）生物受到与转基因（GM）作物相同的监管，咨询为期10周（1月7日至3月17日）。

欧洲法院（ECJ）早在2018年就裁定，基因编辑生物原则上属于欧盟转基因指令的管辖范围。欧洲媒体称，作为脱欧后的首批举措之一，英国启动的基因编辑咨询，可能使该国在生物技术管控上与欧盟背道而驰，并使该国在立场上与澳大利亚、日本、巴西和阿根廷等国保持一致。

根据咨询的结果，关于转基因生物的监管，英国环境、食品和农村事务

部（DEFRA）可能会考虑修改现行立法，以修订适用于英国的转基因生物（GMO）的定义。这意味着如果基因编辑和其他基因技术生产的生物可以使用传统育种方法开发出来，则转基因立法将不再适用于这些生物体。

来源：GOV.UK、EURACTIV

联合国粮农组织为生物多样性保护设定目标

1月11日，第四届"一个星球"峰会通过现场和视频相结合的方式在巴黎举行，本次峰会主题为生物多样性保护。联合国粮农组织副总干事玛丽亚·海伦娜·赛梅朵（Maria-Helena Semedo）在接受媒体采访时，介绍了粮农组织在保护生物多样性方面所取得的成就，并就下一步工作提出了设想。主要内容如下：

（1）将气候和自然问题置于核心地位　不可持续的农业生产方式和农业食品系统，以及城市盲目扩张对自然资源造成严重破坏。所有参与国必须齐心协力，将气候和环境因素纳入本国经济模式和发展计划。同时建立伙伴关系，寻求低碳和绿色的解决方案。

（2）建设可持续的农业食品系统　培育健康的生态系统和包容性的社会经济模式。支持各国适应气候变化，减少粮食和农业温室气体排放。促进农业转型和方向调整，提高气候抵御能力和可持续性。推动国际社会就粮食和农业遗传资源可持续利用及保护政策达成共识。

（3）恢复和保护全球生态系统　支持各国在保障粮食安全、改善营养和保障贫困人口生计之间取得平衡。扩大对农业领域气候适应和生物多样性的投资。依托全球环境基金（GEF）和绿色气候基金（GCF），建立适应气候变化的发展途径。通过可持续利用自然资源，开展气候智能型实践，发掘粮食供应链潜力。利用粮农组织丰富的技术专长和知识，调动大量气候资金，助力减缓并适应气候变化的影响。

（4）将生态系统健康与人类、牲畜和野生动物健康相结合　推广生态系统方法，保护生物多样性，提高抵御能力，建立可持续的粮食体系。综合监测人类、野生动物和养殖动物种群。处理应对动物－人类－环境交叉环节上出现的传染病。

（5）加快推广采用"同一个健康"举措　包括预测、预防、检测和控制人畜共患疾病，解决抗菌素耐药性问题，确保食品安全，预防与环境有关的人类和动物健康威胁等。

来源：FAO

USDA解除对一种转基因棉花品种的管制

美国农业部（USDA）1月15日发布公告称，美国农业部动植物检疫局（APHIS）将解除对 MON 88702 棉花品种的管制，该品种由孟山都公司（Monsanto）利用基因工程技术开发，主要对牧草盲蝽具有抗性。

2021年，APHIS 对该品种进行了植物虫害风险评估（PPRA）和环境评估（EA），并于2020年10月对评估内容进行了为期30天的公众审查和评议。随后，APHIS 考虑了所有公众意见，并根据《国家环境政策法案》（National environmental Policy Act, NEPA）在其最终的环境评估中对其潜在的环境影响进行了彻底审查。

目前，APHIS 已经完成环境评估和无重大影响调查（FONSI），并得出结论，确定 MON 88702 品种不太可能对美国的农作物或其他植物造成植物虫害风险，并将于2021年1月19日解除对其的管制。

来源：USDA

欧盟委员会批准8种转基因食品和饲料作物

1月22日，欧盟委员会发布公告称，已批准授权了8种转基因作物用于食品/饲料用途，其中6种为转基因玉米，2种为转基因大豆。此次批准授权决定并未涵盖种植。

欧盟委员会称，这8种转基因作物都经过了全面而严格的授权程序，包括由欧洲食品安全局（EFSA）进行的科学评估。所有成员国均有权向常设委员会及上诉委员会提出意见。根据审核结果，欧盟委员会依法予以批准授权。

该转基因作物的授权有效期为 10 年，而利用这些转基因作物所生产的任何产品都将遵守欧盟严格的标签和可追溯性规定。

来源：ISAAA

欧盟委员会发布潜在农业规范清单

1 月 14 日，欧盟委员会发布了一份可在未来共同农业政策（CAP）中获得生态方案支持的潜在农业规范清单。这份清单鼓励围绕 CAP 改革及其作用进行讨论，有助于提高成员国制定本国 CAP 战略规划的透明度，并为农民、行政部门、科学家和利益相关方深入探讨如何更好利用生态方案提供了机会。

作为 CAP 改革的一部分，生态方案是一种旨在奖励农民在环境保护和气候行动方面取得更大成就的新型政策工具。各成员国要在本国的战略规划中制定生态方案，并由欧盟委员会评估和批准，作为 CAP 实现绿色协议目标的关键工具。

为得到生态方案的支持，农业规范必须满足以下条件：

（1）涵盖与气候、环境、动物福利和抗菌素耐药性相关的活动。

（2）根据战略规划中国家或地区的需求和优先事项进行确定。

（3）制定的目标必须高于条件所设定的要求和义务。

（4）有助于达成欧盟绿色协议目标。

潜在农业规范清单分为两大类：

（1）欧盟政策工具中制定的做法，包括有机农业实践和病虫害综合治理方法。

（2）其他做法，包括农业生态、畜牧业和动物福利计划、农林间作、高自然价值农业、碳耕作、精准农业、改善营养管理、保护水资源、有利于土壤的做法以及与温室气体排放有关的做法。

来源：European Commission

欧盟发起推广欧洲农产品的倡议

1月28日，欧洲委员会发起了关于欧洲农业食品推广计划的提案。今年，欧盟将工作重点放在农产品和耕作方法推广上，更直接地支持欧洲绿色协议的目标，如有机产品、水果、蔬菜以及可持续农业。

2021年，欧盟计划投入1.829亿欧元，用于在欧盟内外推广欧盟农产品。近一半的预算（8 600万欧元）将用于联合融资推广项目，从而更直接地与欧洲绿色协议的目标相一致，这包括有机产品推广项目，总拨款预算为4 900万欧元，可持续农业项目预算为1 800万欧元。此外，1 910万欧元的拨款将在均衡饮食的背景下用于推广欧盟的水果和蔬菜。8 810万欧元将用于欧盟以外国家的推广计划，包括针对韩国、日本、墨西哥和加拿大等具有高增长潜力国家的方案。

许多机构，如贸易组织、生产者组织和负责推广活动的农业食品集团，都有资格申请资助并提交它们的建议。该计划将根据生产和消费标准的可持续性进行评估，符合欧盟共同农业政策（CAP）、欧洲绿色协议和"农场到餐桌"战略的气候和环境目标。

来源：European Commission

印度尼西亚发布转基因作物新规

近期，印度尼西亚农业部（MOA）发布了第50/2020号条例，该条例首次为印度尼西亚转基因作物的商业种植提供了后期监测指南。在该国于2005年初步建立了转基因作物监管框架之后，该监测指导方针历时16年得以发布。

第50/2020号条例为印度尼西亚转基因作物监管框架的后期监测计划提供了必要的指导。根据第20/2020号条例，转基因作物的申请人或许可证持有人必须在种植的前3年对印度尼西亚种植的转基因作物进行"常规监测"，并报告对牲畜健康或环境的任何影响。监测报告包括对农民的调查、科学论文和环境数据，应由独立的调查机构或大学根据题为《农业GEP植物常规监测问卷》的法规附件中规定的问卷指南进行。所有监测费用由申请人（许可证持有人）负担。监测调查的数量取决于转基因作物种植的范围。如果转基因植物种植在 1 个省，则应在 3 个县（市）进行监测；如果转基因植物种植在 2 个省，则应在 3 个县（市）和两个省同时进行监测；如果转基因植物种植在 3 个或更多省，则应在 3 个省进行监测。在监测过程中如果发现对人类（动物）健康或环境有负面影响，该转基因植物可被召回并退出流通。

来源：USDA

ISF呼吁各国实施科学植物检疫监管，减少不必要国际贸易壁垒

据观察，各国政府对蔬菜种子采取严格的限制性植物检疫条例的情况正在增加。因此，国际种子联合会（ISF）作为全球种子行业的代言人声明，只有在符合《WTO SPS 协定》及其相关国际标准，包括第 38 号《植物检疫措施国际标准》（ISPM）的情况下，才有必要加强对种子检疫的监管。因为种子不是有关有害生物进入或传播的途径。在评估有害生物风险和确定适用的植物检疫措施时，各国政府应始终考虑种子的预期用途，并采用多种同等措施，以免对国际贸易造成额外的阻碍。各国政府还应避免采用未经国际验证的规范性种子测试协议。

可预测国际种子的流动对确保粮食安全至关重要。一些国家最近对受管制的有害生物番茄褐皱纹果病毒（ToBRFV）采取的植物检疫措施没有遵循 ISPM 关于同等措施的指南，也没有向出口国政府提供足够的时间来应对法规的变化。这些植物检疫措施也对国际遗传资源的交流产生了负面影响。

采用不科学的方法强化植物检疫监管与 ISPM38 背道而驰，ISPM38 要求监管者认可用于种子运输的等效植物检疫措施。此外，这些不断加大的监管力度大大增加了种子公司的成本，并影响了种子公司在需要时向农民提供种子的能力。

由于植物检疫措施可以而且确实会影响贸易，因此重要的是，国家植物保护组织（NPPO）在实施之前应清楚地传达新措施或变更措施，并且这些措施应以科学为基础。

ISF 呼吁各国政府承认并执行《国际植物保护公约》（IPPC）起草的国际

标准，包括 ISPM38 和 ISPM11，以促进国际农业贸易和实现粮食安全。这包括采取与特定物种、原产地和进口目的的种子所评估的有害生物风险相称的植物检疫措施。植物产品的全球贸易运作依赖于以科学为基础的透明的植物检疫要求以及有效的沟通，才能保护植物健康并确保国际贸易安全。

来源：International Seed Federation

欧盟新基因组技术发展及监管

新基因组技术（New Genomic Techniques，NGT）在过去 20 年中发展迅速，并将继续如此，同时 NGT 产品正在世界许多地区完成成果转化。其应用已进入欧盟以外的市场，预计在未来几年将有更广阔的应用前景。

近期，欧盟委员会发布了有关 NGT 的研究报告，并准备就该技术开展新的法律框架设计。报告阐明 NGT 正在帮助欧盟建立创新的、更可持续的农业食品系统，该系统的构建是"欧洲绿色协议"和欧盟从农场到餐桌战略的一个重要目标。但同时指出，欧盟现行的 2001 年通过的转基因生物立法并不适用于这类创新技术。

一、美、中两国是 NGT 技术的研发主力

欧盟目前将 NGT 定义为能够改变生物体遗传物质的技术，这些技术是 2001 年以来出现并逐渐发展起来的。NGT 在农业食品、医药和工业领域拥有广泛或潜在的应用。研发涵盖其在植物、动物和微生物中的使用。

大多数 NGT 应用都是在美国或中国开发的。在欧盟，德国的研发数量较多。由于 NGT（特别是 CRISPR）的灵活性和可负担性，一些发展中国家也在这一领域积极开展活动。无论是私人还是公共／学术机构都在积极开发 NGT 产品。现有数据表明，来自私营公司的商业和预商业应用数量更多，而公共／学术组织主导着研发，为生物和性状的多样性提供了丰富的渠道。

二、NGT 在作物、动物、微生物领域均体现出技术优势

在作物领域，研究表明 NGT 在植物性状改良上具有明显的应用潜力。

研究人员通过 NGT 技术提高了作物对多种类型病原体和害虫的抗病性，增强了作物在耐旱、耐盐、耐热等方面的非生物胁迫耐受性。改良后的品种，营养成分得到改善（例如纤维和维生素），有害物质（例如毒素、过敏原、丙烯酰胺前体等）也有所降低，作物最终获得了更高、更稳定的产量。

在动物领域，NGT 的开发集中在畜牧部门，主要为牛，猪，鸡和各种鱼类（鲑鱼、罗非鱼、金枪鱼和红鲷鱼）。基于 NGT 的基因驱动技术主要应用于昆虫（尤其是蚊子）和入侵物种。目前尚无商业化的 NGT 动物，但在预商业化阶段有 4 个例子：产量提高 / 快速生长的罗非鱼、抗病猪、无角牛和耐热牛。早期和后期研发阶段已确定 59 种 NGT 应用，以食品生产相关性状为主，其次为基因驱动型应用。

在微生物领域，工业生物技术部门应用 NGT 进行技术革新，NGT 被单独使用或与现有的遗传技术结合使用，以改进特定的菌株。

三、NGT 开发的产品正逐步进入商业化

NGT 应用分为 4 个阶段：一是商业阶段。目前在至少一个国家（地区）销售。二是预商业化阶段。准备在至少一个国家（地区）进行商业化但尚未投放市场（约为期 5 年）。三是研发后期阶段。准备进入市场，属于高级研究阶段（植物的田间试验、药物临床试验）。四是早期研发阶段。"概念验证"阶段（测试基因靶标、提高性状）。目前，NGT 在植物、动物和微生物中的各种应用大多处在开发中，但有些已经在非欧盟国家销售。

基于 CRISPR 的 NGT 正越来越多地被用于各领域。为目标生物和特性方面的创新和改良打开了大门。约有 30 种在植物、动物和微生物方面的应用处于预商业化阶段，可在未来 5 年内推向市场；处于研发后期的 100 多种植物、数十种动物和药用植物可能在 2030 年前投放市场。

四、现行欧盟法律不适用于 NGT

研究认为，传统育种技术、已建立的基因组技术和 NGT 在产生"脱靶"效应的程度上有所不同。虽然基因组编辑可能产生"脱靶"效应，但它们的频率通常比传统育种技术和已有的基因组技术要低得多。由于某些 NGT 的使用精度和效率，它们是获得某些产品的唯一现实手段。因此，NGT 的安全

性只能逐个案例进行评估，这取决于产品的特性、其预期用途和接收环境。从不同技术中获得的基因和表型相似的产品预计不会出现显著不同的风险。

2019 年欧盟委员会应理事会要求，就欧盟法律框架下 NGT 的地位开展研究，研究得出以下主要结果：

◎ NGT 产品具有使植物对疾病、环境条件和气候变化的抵抗力更强的潜力，有助于建设可持续食品体系。NGT 产品可具有更高的营养品质，能够降低对农药等农业投入品的需求。

◎ NGT 通过为欧盟实现食品系统创新和可持续性以及更具竞争力的经济目标作出贡献，为社会的多个领域带来效益。

◎ 研究还分析了与 NGT 产品及其当前和未来应用有关的问题。关注的问题包括可能的安全和环境影响，例如，对生物多样性，与有机农业和无转基因农业的共存以及标签的影响。

◎ NGT 是一套非常多样化的技术，可以达到不同的目标，NGT 生产的某些植物产品对人类和动物健康以及对环境的安全性均与常规育种的植物一样安全。

◎ 有充分的迹象表明，现行的 2001 年转基因生物（GMO）法规不适用于某些 NGT 及其产品，法规需要适应科学和技术进步。

来源：European Commission

日本发布基因编辑饲料和饲料添加剂安全处理指南修订案

4 月 20 日，日本农林水产省（MAFF）发布了基因编辑饲料和饲料添加剂安全处理指南修订案，本次修订案规定，基因编辑植物与常规育种品种、已向农林水产省通报的基因编辑品种或已通过安全评估的转基因品种的杂交后代，无需向农林水产省通报。

此前，农林水产省曾于去年发布基因编辑饲料和饲料添加剂安全处理指南，要求基因编辑植物与常规育种品种、已向农林水产省通报的基因编辑产品或已通过安全评估的转基因产品的杂交后代，如果符合以下 3 种情况中的任意 1 种情况，需向农林水产省通报。

◎ 通过基因组编辑技术新获得的特性在杂交后代中发生变化。

◎ 后代是亚种之间杂交。

◎ 摄入量、植物可食用部分或加工方法有所变化。

来源：USDA、ISAAA

日本发布新版农业技术基本指南

2021 年 4 月，日本农林水产省发布新版农业技术基本指南，旨在为包括都道府县在内的相关机构在规划和实施与农业技术相关的措施时提供参考，解决农业政策中的重要问题，并提供有望为农业发展做出贡献的新技术。具体包括 4 个部分。

◎ 解决农业政策重要问题应考虑的基本原则。包括提高粮食自给率；加强日本农业结构和促进产业化发展。促进资源和环境治理。提高食品安全。

◎ 按农业类型划分的技术应对方向。包括水田耕作、旱田耕作、园艺、畜牧业、提高动物福利、饲料作物。

◎ 其他需特别注意的技术问题。包括新型冠状病毒感染者出现时的应对措施和业务连续性；应对自然灾害的措施清单和农业版 BCP（业务连续性计划书）；确保农业作业安全；应对主要作物灾害在技术上的基本注意事项；开设农业技术综合门户网站和农林水产"可视化"系列网站。

◎ 东京电力公司福岛第一核电站事故释放的放射性物质的应对措施。包括：安全农畜产品的供应措施；确保农业作业安全。

来源：日本农林水产省官网

日本禁止未经许可出口种苗

日本宣布，从 2021 年 4 月 1 日开始实施修改后的日本《种苗法》，新的法规禁止个人和法人未经许可将已经注册的日本农产品种子和种苗带出日本。随后，日本农林水产省发布了 1 975 种禁止带出日本的种苗名单。

这是《种苗法》施行后，首次公布品种清单，名单以水稻和水果品种为主。今后品种所有者可以阻止在指定区域外种植或进行品种出口等相关行为；未经品种所有者许可，不得采收相关品种的种子进行种植；如果非法将这些种子及苗木带出日本，将被处以 10 年以下的徒刑或 1 000 万日元以下的罚款，如果是法人行为则处以 3 亿日元以下的罚金。

日本的水果育种、种植技术和商品化能力都十分发达。此次修法的背景是不断有日本高端农产品品种未经授权在中国和韩国等地栽培，并廉价出售。日本农林水产省希望通过防止新品种流向国外，保护新品种开发者的权利，提高日本农产品的品牌价值，促进农产品出口。

来源：Produce Report

EFSA发布对含有转基因大豆的食品和饲料的营养评估意见

5 月 12 日，欧洲食品安全局（EFSA）转基因生物小组在其官方刊物《欧洲食品安全局杂志》（*EFSA Journal*）上发布了 EFSA 关于申请批准含有转基因大豆 MON87769 × MON89788 的食品和饲料的补充意见。

欧盟委员会授权欧洲食品安全局补充其关于大豆 MON87769 × MON89788 的科学评估意见，补充信息是基于人类对两次堆叠大豆生产的 RBD 转基因油（RBD GM-oil）摄入的营养评估。经过评估，专家组的结论是，大豆 MON87769 × MON89788 及其衍生产品对人类健康没有不良影响，该评估表明没有安全隐患。如果 RBD 转基因油被广泛用于本次评估未涉及的食品，例如作为婴儿和年轻人的膳食补充剂或食品，则必须重新审查目前的营养评估。建议制定上市后监测计划，以预测消费量和上市风险。

来源：Wiley

美国放宽对采用基因工程开发的玉米品种的限制

美国农业部（USDA）动植物卫生检验局（APHIS）将放宽对先锋良种国际公司（Pioneer）采用基因工程开发的玉米品种 DP56113 的管制。该品种的设计目的是：维护和恢复雄性不育玉米育种系，并将用于在非洲的种子生产。

APHIS 先前审查并解除了 Pioneer 开发的另一个玉米品种 DP-32138-1 玉米 DP56113 的性状。APHIS 的植物有害生物风险相似性评估（PPRSA）结论是：DP56113 玉米不会造成比先前解除管制的 DP-32138-1 玉米更高的有害生物风险。

APHIS 审查了所有的相关公众意见，认为 DP56113 玉米不太可能构成植物病虫害风险，并正在扩大放松管制的范围。该放松管制延期的生效日期为 2021 年 5 月 21 日。

来源：USDA

加拿大准备放宽对转基因植物及其衍生食品的监管

近期，加拿大卫生部（Health Canada）发布了一项新的联邦指导法案（草案），该法案将用于指导和支持政府对转基因植物及其衍生食品的监管决策。根据该法案，具备以下特征的植物及衍生食品不需要在上市前接受加拿大卫生部的食品安全评估。

◎ 不含外源 DNA。使用外源 DNA 创造但在最后阶段不含有外源 DNA 的植物或食品将免于风险评估程序，除非它们不符合其他 4 个标准之一；

◎ 不含可能的新毒素或过敏原；

◎ 不含类似于已知毒素或过敏原的蛋白质；

◎ 不显著影响植物的营养价值；

◎ 不改变植物在食物中的用途。

这意味着一些使用新的基因编辑技术开发的转基因生物将豁免安全评估。该法案是建立在现行法规基础上的，加拿大现行法规只评估最终产品的安全性，而不评估生产过程的安全性。这项拟议的指导方针将使开发基因编辑植物的公司更容易将其产品推向市场，也将减轻审查基因编辑植物的机构加拿大卫生部和加拿大食品检验局（the Canadian Food Inspection Agency，CFIA）的执法负担。

来源：Nationalobserver

澳大利亚新南威尔士州解除对转基因作物种植禁令

澳大利亚新南威尔士州政府于7月1日宣布，该州全面解除转基因作物的种植禁令。此前，澳大利亚昆士兰州、西澳大利亚州和北领地州没有转基因作物的种植禁令，南澳大利亚州政府也于2020年5月解除了除袋鼠岛外其他地区的转基因作物种植禁令，并驳回州内11个地区提出的设立非转基因作物种植区的提案。随着澳大利亚2003年基因技术（转基因作物暂停种植）法案于2021年7月1日到期，转基因作物已被允许在除塔斯马尼亚岛州以外的州种植。

自2008年以来，经澳大利亚政府批准，新南威尔士州已成功种植转基因油菜、棉花和红花。该州农业部长称采用转基因技术预计将在未来十年为新南威尔士州第一产业带来高达48亿美元的总利润。转基因技术可以为农民节省高达35%的日常开支，并将产量提高近10%，这将是该州未来农业产业的关键增长点。

来源：NSW Government、Phys.org

肯尼亚批准种植抗褐条病转基因木薯

近期，肯尼亚国家生物安全局（NBA）在经过综合安全评估后，批准了转基因木薯的环境释放申请，肯尼亚成为全球第一个批准种植转基因木薯的国家。木薯也成为继棉花、玉米、大豆和豇豆之后，非洲第5个获准露天种植的转基因作物。该抗病木薯在非洲抗病毒木薯（VIRCA Plus）项目下开发，是肯尼亚农业和畜牧研究组织（KALRO）、乌干达国家作物资源研究所和美国唐纳德·丹福斯植物科学中心的合作项目。

木薯褐条病（CBSD）是一种由粉虱和受感染的插条传播的病毒性病害，对肯尼亚的木薯种植者造成高达98%的毁灭性损失。目前还没有对CBSD具有天然抗性的木薯品种。KALRO开发出一种对木薯褐条病（CBSD）具有抗性的转基因木薯品种event 4046。综合评估结果显示，event 4046在作为食品或饲料食用或露天栽培时不太可能对人类和动物健康或环境构成风险。

来源：Alliance for Science

AAVMC和APLU呼吁重塑美国基因编辑动物监管格局

美国兽医学院协会（Association of American Veterinary Medical Colleges，AAVMC）和美国公立与赠地大学协会（Association of Public and Land-grant Universities, APLU）于近期联合发布了《AAVMC/APLU 农业基因编辑工作小组报告》，指出目前基因编辑动物的监管协议没有跟上技术变化的步伐，需要尽快重塑联邦监管格局，否则，美国将无法维持其在畜牧业领域的全球领导者和创新者地位。

目前，美国食品和药物管理局（FDA）根据生物技术革命早期阶段制定的协议，将食用动物的基因研究按照"动物药物"进行监管。美国农业部对基因编辑的作物进行监管。

为了实现在牲畜中应用基因编辑技术，使其释放应有的生产潜力，植根于科学并随着发展步伐而简化的联邦监管批准和监测程序以及公众接受来自基因编辑动物的产品至关重要。该报告建议如下：

◎ 更新现有的 FDA 监管框架，并在美国农业部和 FDA 之间制定协调、简化、基于事实和成本效益的评估和批准流程，以确保食品安全。

◎ 为基因编辑应用开发一个基于证据和逻辑的决策协议，该协议与基于重组 DNA 的转基因生物体分开管理。

◎ 制定简化的评估和审批流程，根据以下因素对基因编辑应用程序进行分类：创造的基因组变化的类型、用于创造基因组变化的方法、对动物福利的影响，以及可能对环境造成的负面影响。

◎ 开发用于批准基因编辑的农业动物的监管渠道，这些动物的基因组结构可能在自然界中出现，可供人类食用。

来源：DROVERS

英国政府批准基因组编辑小麦田间试验

英国研究机构 Rothamsted Research 于 8 月 24 日宣布获得英国环境、食品与农村事务部（Defra）的许可，可以对经过基因组编辑的小麦进行一系列田间试验。项目的最终目标是对小麦进行基因编辑，培育天冬酰胺含量超低的非转基因小麦品种。位于赫特福德郡的试验将是英国乃至欧洲进行的CRISPR编辑小麦的首次田间试验。该项目为期5年。在烘烤面包时，天冬酰胺会转化为致癌的加工污染物——丙烯酰胺，它还存在于其他小麦制品和许多由农作物衍生的油炸、烘焙或烘烤食品中，包括薯片、烤土豆、咖啡和其他零食中。在实验中，研究人员"敲除"了天冬酰胺合成酶基因 *TaASN2*，使其不再生成功能性蛋白质。与未经基因编辑的植物相比，其籽粒中的天冬酰胺含量显著降低，其中一个品系降低了90%以上。该项目将测量在田间条件下生产的谷物中天冬酰胺的含量，评估小麦植株在田间的表现以及其他方面的性能，例如产量和蛋白质含量。目前欧盟对产品中丙烯酰胺含量的规定有进一步强化的趋势，欧盟已准备引入最高含量标准，出售超过这一含量标准的食品将被视为违法。

来源：Rothamsted Research

WUR宣布提供CRISPR技术专利无偿使用许可

荷兰瓦赫宁根大学及研究中心（WUR）9月6日宣布，将对非营利组织提供其持有的5项CRISPR-Cas基因编辑技术的无偿使用许可，这些技术将仅限于在非商业性的植物基因编辑中应用。WUR是首个对CRISPR技术专利开放无偿使用许可的机构。目前，全球有超过3 000项基于CRISPR-Cas技术的专利，WUR拥有其中数项。对于其中5项专利（WUR与荷兰研究理事会NWO共同持有），WUR决定提供无偿使用许可。WUR校长指出，这一举措是本着开放科学的精神，把用公共资金赞助的项目成果应用于公共事业，将使得全社会共同受益。可以预见此举将激发CRISPR-Cas知识产权政策的全球变革。这项告知在宣布后立即发表在《自然》（*Nature*）杂志上。

来源：Wageningen University & Research

英国计划放宽对基因编辑作物的监管

英国环境、食品和农村事务部（Defra）9月29日宣布，计划放宽对基因编辑作物的监管，以实现基因编辑作物商业化种植。基因编辑植物进行田间试验将不再需要提交风险评估，但仍需向相关部门注册研究计划。根据欧盟法规，对基因编辑作物的审查和转基因作物一样严格，并须得到欧盟大多数成员国批准后才能种植。英国此前一直遵照欧盟的监管法规执行。英国脱欧后，Defra在3月宣布正在考虑采用不同的监管方法并启动公众咨询。9月29日的决定是Defra对基因编辑公众咨询的一部分回复，该部门计划引入立法变更，改变转基因生物的定义，以排除基因编辑作物，从而放宽对基因编辑生物的商业化要求，但尚未指定日期。

来源：GOV.UK

USDA解除对PY203转基因玉米品种的管制

2021年9月22日，美国农业部动植物卫生检验局（APHIS）解除了对一种被称为PY203玉米品种的管制，该品种是由Agrivida，Inc.利用基因工程开发的，用来生产用于营养强化动物饲料的植酸酶。

作为工作程序的一部分，APHIS编制了植物有害生物风险评估草案，并征求公众意见30天，该草案已审查植物有害生物风险，初步认定其不受管制状态，分析了潜在环境影响的环境评估草案，以及给予无重大影响的初步调查结果。

APHIS在公众意见征询期内没有收到任何新的实质性信息，已解除对PY203玉米品种的管制。解除管制的生效日期为2021年9月21日。

来源：USDA

规划与项目

日本发布新一轮《粮食、农业、农村基本计划》

2020 年 3 月，日本内阁通过了新一轮《粮食、农业、农村基本计划》（简称《基本计划》），为日本未来 10 年的农业政策指明了方向。《基本计划》2000 年首次发布，每 5 年更新一次。新《基本计划》重点关注农业可持续发展、农村社区和继任者计划，为日本 2030 财年设定了 5 万亿日元（480 亿美元）的出口目标。

《基本计划》列出了 5 个不同领域的政策方向：

◎ 提高粮食自给率。在消费量预测和目标产量的基础上，确定日本 2030 财年粮食（含饲料）自给率目标为 45%，口粮自给率为 53%，并提出了包括肉牛和奶牛养殖，大米、小麦、大麦和大豆以及园艺方面的相关政策措施。

◎ 确保粮食稳定供应。包括发展全球市场和扩大出口，根据消费者需求变化创造新产品和新市场，设定 2030 年农业、林业、渔业和加工食品出口额目标，促进国内农产品消费和建立综合性粮食安全系统。

◎ 农业可持续发展。包括改善农田和基础设施，支持农业实体发展，确定农田耕种的继任者，支持税收保险制度和收入稳定计划，发展智慧农业和数字技术以及落实环境政策。

◎ 促进农村地区发展。包括发展价值链、增加就业机会和农村收入，改善农村基础设施，提高农村吸引力以及把农村政策纳入国家综合战略。

◎ 形成支持农业的全国共识。包括呼吁公私部门开展合作，增进民众对农业、农村了解，理解农业是"国家基础"等。

来源：USDA

荷兰农业部启动国家蛋白质战略

2020 年 12 月 22 日，荷兰农业、自然和食品质量部（MANFQ）宣布启动国家蛋白质战略，旨在未来 5 ~ 10 年内加大对高蛋白质作物的种植，提高植物蛋白质的自给率，减少对第三国进口的依赖。荷兰政府还计划投资开发新的高蛋白质来源，并鼓励从残留物中提取蛋白质。荷兰是欧盟最大的大豆进口国，约 80% 的植物蛋白需要从北美和南美进口（主要是美国和巴西），其中绝大多数（93%）用于动物饲料。

该战略提出了 5 个方面举措：重点种植荷兰典型的高蛋白质作物（即土豆、草和豆类，包括田间豆）；鼓励替代蛋白质的发展（如微生物蛋白质和培养肉类）；利用昆虫生产动物饲料和食物；反对浪费和残留物的循环利用；通过提供可持续的饮食选择和培养消费者健康饮食观念，进而增加蔬菜消费和可持续饮食的所占份额。

尽管荷兰依赖蛋白质进口，但对农业和食品部门来说，这些进口是经济和划算的。特别是大豆进口，体现了荷兰畜牧业的竞争优势。虽然荷兰是世界上第 4 大大豆进口国，但它在鸡蛋及蛋类产品出口方面居世界领先地位（2019 年产值 10.2 亿美元）。此外，它的乳制品出口排名第 3（110.8 亿美元），猪肉出口排名第 4（36.5 亿美元），牛肉出口排名第 4（34.7 亿美元），鸡肉出口排名第 5（33.4 亿美元）。

荷兰集约化畜牧业的成功也面临着一些挑战：由于国内生产不足以满足需求，造成有机和非生物技术大豆短缺；非政府组织将畜牧业与南美洲森林砍伐问题联系起来；靠近集约化养殖场附近的自然区域中氮的含量很高。尽管通过签署《欧洲大豆宣言》，实施可持续性计划以及收购集约化牧场，上述问题得到了解决，但该战略计划通过生产更接近其最终用途的替代蛋白来进一步应对这些挑战。

值得注意的是，荷兰计划在几年内将大豆种植面积增加至 1 万公顷的实验已经失败。因此，为了使该战略取得成功，有关方面必须确定将如何以经济的方式生产植物蛋白质。

我国是世界上最大的大豆进口国。据海关总署数据显示，2020 年我国大豆进口量达到 10 032.7 万吨，比 2019 年的 8 851.3 万吨增长 13.3%。面对国内日益增长的肉蛋奶消费，现有大豆产量远远满足不了社会需求，大豆的进口依存度和进口集中度始终保持在很高水平，加之中美贸易争端，给我国大豆安全带来不利影响。

荷兰和我国同为大豆进口大国，在制定本国发展战略时，充分发挥农业技术优势，带给我们很多启示和思考。考虑到我国短期内大豆市场的供给以进口大豆为主的格局不会改变，因此，应借鉴荷兰提高本国大豆供给率、减少对外依存度的措施，走出一条适应本国国情的蛋白质发展之路。一方面，要保障大豆供应持续安全稳定。推进主要粮食作物种植结构调整，逐步扩大国产大豆种植面积，减少中美贸易争端不利影响，实施进口多元化。加快优质、高产大豆品种选育，充分调动农民种植积极性，实现高油高蛋白大豆规模生产。发挥我国非转基因大豆优势，发展优质食用大豆，占领高端大豆市场。另一方面，要积极开展替代蛋白质领域研究。加大对微生物蛋白质和细胞培养肉的研究力度，加快大规模培养技术和食品化处理技术攻关，提前谋划相关立法和监管措施，提供良好政策环境支持。开发新的高蛋白质来源，研究如何利用昆虫作为动物饲料或人类营养的可持续蛋白来源，严格制定和执行相关评估标准，保证质量安全。

来源：USDA

欧盟投入700万欧元，培育适应力强、营养丰富的浆果品种

一项由来自8个国家（芬兰、法国、德国、意大利、挪威、西班牙、土耳其和英国）的20个合作伙伴参与的欧洲育种项目（BreedingValue）已于1月20日启动，项目将针对浆果的遗传资源开展深入研究。该项目从欧盟"地平线2020框架计划"（*Horizon 2020 Framework Programme*）获得了近700万欧元的资金，在未来4年内将由位于意大利安科纳的马尔凯理工大学协调实施。

浆果在欧洲被广泛种植，因其富含抗氧化剂、维生素、矿物质和纤维，是健康饮食的重要组成部分，并被纳入了目前的水果和蔬菜摄入建议。且浆果的销售毛利率远高于小麦或玉米等作物，其市场需求不断增长，种植规模也不断扩大。

由于种质资源的因素，目前的浆果品种对环境的耐受力和适应力有限。BreedingValue育种项目将通过应用先进的基因分型和表型工具来研究这些作物目前的生物多样性，并确定新的预育种材料，用于开发新的具有高品质果实的抗逆性品种。项目还将在欧盟范围内扩大育种团队和消费者的交流。为了在公共和私营机构之间建立强有力的联系，将邀请浆果种植者参加公开征集提案，

就具体的项目活动进行合作，如标记辅助选择、基因组选择、全基因组关联研究和浆果遗传资源品质评价方法学工具包的开发。

项目目标：

◎ 设计创新的育种策略，为浆果生产商提供商业品种，确保在不影响果实质量的同时，在广泛的地理条件下保持浆果品种的适应能力。

◎ 探索浆果种质，特别关注当代育种方面的挑战，以确保遗传多样性和整个欧洲浆果产业的成功。

◎ 通过提供新的现代基因分型和表型工具，识别、共享和传播控制果实适应性、抗逆性、产量稳定性和果实品质的因素，提高浆果种质的鉴定和选择效率。

◎ 详细说明和交流欧洲不同地区不同品种浆果的品质和消费者品质偏好。为欧洲公共和私营浆果育种方案确定和引进优良种质，确保在不同气候环境下采用可持续的生产方法获得高产量。

◎ 开发用于记录、交流和可视化浆果种质资源的概念和便于使用的工具，以降低育种风险。

◎ 维护欧洲浆果育种网络，为品种管理者、育种者、种植者、消费者和公民提供参与研究、培训和外联的机会。

◎ 提高欧盟浆果产业的能力，以保持其在国家和国际层面上的高竞争力。

来源：BreedingValue

联合国粮农组织呼吁持续推动农业粮食体系创新

1月19日，联合国粮农组织（FAO）总干事屈冬玉出席全球粮食和农业论坛（GFFA）线上高级别会议，呼吁农业粮食体系采取创新和综合方法，推动新冠肺炎疫情后恢复重建，实现可持续发展。他指出，农业粮食体系的创新解决方案在新冠肺炎疫情期间帮助众多家庭和国家遏制了粮食供应链中断带来的影响，而"重建美好与绿色家园"需要进一步推动创新。

面对新冠肺炎疫情导致的人员和货物流动限制，FAO在减少粮食价格大幅波动与贸易限制风险、策划并支持制度创新和推出"手拉手"行动计划

（Hand-in-Hand Initiative）方面发挥了重要作用。具体包括：建立绿色通道实现生鲜食品生产商与城市中心的对接；采取电子商务解决方案覆盖整个农业粮食体系；以及疫情紧急状态下面对大范围出行限制，采取变通办法确保食品安全措施得到落实等。

下一步，FAO 通过制定《新冠肺炎应对和恢复计划》（COVID-19 Response and Recovery Programme）确定了 7 个关键领域：决策数据、社会保护方案、增强小农抵御能力、赋予农村妇女权力、贸易便利化、市场透明度以及"同一个健康"方针。同时，FAO 正在改进实时工具，利用卫星图像进行机器学习等新投入对作物前景进行校准和分类，并监测粮食生产和贸易中断的风险。

来源：FAO

德国启动基于人工智能的农业机器人合作网络项目

"Deep Farm Bots" 合作网络项目是德国"中小企业中央创新计划（ZIM）"的一部分，采用跨学科合作，正在开发用于农业 4.0 的智能机器人系统。该项目的重点是将农业机器人技术与新的深度学习方法结合起来，以提高系统的精度和功能。目前，有 9 家公司和 3 家研究机构参与其中。该项目由德国联邦经济和能源部资助。

"Deep Farm Bots" 合作网络项目汇集了来自农业机器人技术、硬件和驱动器、传感器技术、物联网、人工智能、农业生态学等领域的专业人士。项目组成员将重点关注以下技术：用于苛刻环境的灵敏控制技术和传感器技术、用于图像处理的新型机器学习方法，以及群体机器人技术。

参与项目的机构名称及专业领域：
◎ 德国人工智能研究中心（人工智能）；
◎ 农业革命股份有限公司（农业机器人和人工智能）；
◎ 莱布尼茨农业景观研究中心（传感器）；
◎ LUPA 电子股份有限公司（物联网）；
◎ OndoSense GmbH（雷达传感器技术）；

◎ Othmerding Maschinenbau 股份有限公司 Co.KG 公司（农机技术）；

◎ Spacenus 股份有限公司（遥感和人工智能）；

◎ Toposens GmbH（超声波传感器技术）；

◎ W. Neudorff GmbH KG（植物保护产品）；

◎ 威高系统股份有限公司（驱动技术）；

◎ 明斯特大学（计算机视觉和机器学习系统和地理信息）；

◎ Zauberzeug GmbH（机器人、软件和人工智能）。

来源：SeedQuest

美国ARS发布生物技术育种最新成果

2021 年 2 月，美国农业部农业研究局（ARS）发布"植物遗传资源、基因组学和遗传改良计划（国家 301 计划）2020 财年报告"，报道了 2020 年度该计划取得的最新成果，经分析归纳出美国在该领域的主要研究方向和进展。

一、作物遗传改良

研究成果主要聚焦于特定性状的基因鉴定，新品种的培育与开发，分子标记、转化体系等育种工具的开发和品种、品系、品质的鉴定。

在特定性状的基因鉴定方面，主要针对生菜、番茄、大豆、高粱、小麦、向日葵、黑莓和棉花 8 种作物开展了研究，涉及的性状包括抗炭疽病、抗锈病、抗褐斑病等抗病害性状，改善褐变、产量、消化率、籽粒大小、甜度、纤维强度等品质性状以及耐旱性、传粉效率等环境适应性状。

在新品种培育与开发方面，已发布的作物品种有马铃薯、大麦、小麦、豌豆、花豆、大豆、甘蔗、桃子、黑莓；得到改良的性状涉及抗铁杉球蚜、抗小麦条纹花叶病毒和小麦花叶病毒、抗白粉病、抗菜豆普通花叶病毒、抗豆锈病、抗褐锈病和黄锈病、抗甘蔗螟、抗褐锈病或黑穗病等抗病害性状，产量、加工特性、高 β - 葡聚糖含量、高蛋白含量、高纤维含量、花青素含量、硬度、颜色等品质性状，以及越冬性、抗旱、抗寒、耐受低肥力等非生物胁迫耐受性状。

在分子标记、转化体系等育种工具的开发方面，建立了以高粱早花为靶点的遗传转化体系，可加快高粱新品种的工程化过程；开发出高粱早季耐寒遗传标记，可被用作鉴定6条先进回交系的选择工具；发现适用于小麦显性雄性不育（DMS）的DNA标记，可用于在育苗阶段鉴定不育植株，使大规模标记辅助回交和基因聚合成为可能。

在品种、品系、品质鉴定方面，从200多个大豆亲本中鉴定出27个抗拟茎点霉和发芽率高的大豆品系；完成了对低降落数值有稳定高抗性的美国西北部冬春小麦品种的鉴定；开发出一种高通量计算机视觉方法来测量蔓越莓果实品质的方法。

二、植物、微生物遗传资源和信息管理

研究成果主要聚焦于育种信息平台开发，新微生物资源发现，种质资源鉴定、保护、挖掘及应用，基因组及重要基因研究和植物病害精准诊断方面。

在育种信息平台开发方面，开发出育种洞察（Breeding Insight）平台，目前处于试验阶段，重点为6个ARS育种计划（蓝莓、鲜食葡萄、红薯、苜蓿、虹鳟鱼和北美大西洋鲑鱼）建立支持服务，未来将扩展到所有ARS特色作物、动物和自然资源育种项目。

在新微生物资源发现方面，首次发现了导致夏威夷果减产的疫霉菌（Phytophthora heveae）；在鱿鱼卵上发现了生成新型抗生素的细菌，这些细菌及其产生的抗生素可以抑制镰刀形霉菌和白色念珠菌生长，对促进全球公共卫生意义重大。

在种质资源鉴定、保护、挖掘及应用方面，针对阿拉比卡咖啡品种开发了96种高质量遗传标记核心集，可用于拉丁美洲、亚洲和非洲的咖啡苗圃认证；完成了对美国600个农作物野生近缘种地理分布和保护状况的全面分析；研究了36个野生蔓越莓种群，揭示了其丰富的遗传多样性和独特的性状；开展了银胶菊（guayule）种质的表型分析，为银胶菊亲本品种选育提供了基础；将叶子有独特蜡质结构的性状引入高级洋葱选育株系中，培育出抗蓟马洋葱品种；开发出可分析整个DNA序列的人工智能程序，用于发现具有控制重要农艺性状基因的植物；对29种蓝莓进行斑翅果蝇幼虫和成虫摄食

抗性测定，发现 10 种具有果蝇摄食抗性的蓝莓品种。

在基因组及重要基因研究方面，对 Williams 82 参考基因组序列进行了重大改进，并为其他 2 种大豆构建了新的基因组组合；开发并鉴定了小麦 D 基因组嵌套关联图谱（DNAM）面板，使用了与硬白育种品系杂交的山羊草种质，在该种群中发现了对小麦条锈病和禾谷胞囊线虫病的新型抗性；鉴定出控制胡萝卜花青素色素含量和营养质量的 3 个主要基因，提供了花青素积累机制的新见解和改善胡萝卜颜色与营养的育种策略；开发了麦瘿蝇抗性基因 h4、H7、H35 和 H36 的新型 DNA 标记。

在植物病害精准诊断方面，开发出用于诊断啤酒花白粉病病原菌小种的 DNA 测试，可在数小时内准确确认病原体种族；开发出高灵敏度的鳄梨日斑类病毒（avocado sun blotch viroid）检测方法；建立了完善的叶缘焦枯病菌（Xylella）的检测和监测方案，用于山核桃种质资源监测和无病种质筛选。

三、作物生物学和分子过程

研究成果主要集中在作物与环境因素及其微生物的互作机制，新技术、新工具开发，调控机理和基因及基因组研究方面。

在作物与环境因素及其微生物的互作机制研究方面，确定了高粱褐色中脉品系 Bmr12 木质素合成的相关基因及途径，将有助于开发出更具气候适应性和抗病性的高粱品种；发现了玉米中微生物依赖性杂种优势（hybrid vigor）现象，即玉米杂种优势部分来自与微生物邻居的相互作用；开发出一种高效的线虫类生物杀虫剂，可有效防治蔓越莓跳甲（cranberry flea beetle）虫害。

在新技术、新工具开发方面，采用高光谱照相技术将测量每株植物光合作用所需的时间缩短至 15 秒，提高了收集多种作物基因型光合表型的效率，并确定了从与光合作用相关的高光谱数据中识别 7 个重要叶片性状的方法；完成了西瓜枯萎病和木瓜环斑病毒抗性基因的鉴定及 DNA 标记开发；利用蔓越莓种质筛选鉴定出低柠檬酸蔓越莓品系，通过遗传定位、开发相应分子标记，证实其与低酸果实的遗传关联；对大量木薯贮藏根进行基于图像的表型分析和基于基因组序列的 DNA 指纹分析，鉴定出决定木薯根系大小和形状的关键染色体区域；开发出一种杀菌剂抗性管理"工具箱"，可用于早期检测甜菜叶中的环孢菌（cercospora）及与耐药性相关的突变；首次使用无人机成像和深绿色指数（DGCI）测量绘制大豆冠层的绿色度，鉴定出与大豆冠层绿色强度相关的基因组区域。

在调控机理研究方面，揭示了阿魏酸-5羟基化酶（F5H）在木质素合成中的作用及其改变高粱生物量木质素组成的新途径；首次确定了马铃薯绿化和糖苷生物碱（glycoalkaloid）生物合成之间的机理联系，为抗绿化马铃薯品种培育提供了新途径；确定了小麦由 *Q* 基因控制的遗传途径和过程，为培育产量更高、更有弹性的小麦品种提供了支持。

在基因及基因组研究方面，玉米遗传学和基因组学数据库（MaizeGDB）发布了26种新的注释玉米基因组，将有助于更好地理解植物基因和田间观察到的性状之间的关系；实现了镰刀菌头枯萎病抗性基因 *Fhb7* 的克隆和导入，为小麦 *FHB* 抗性育种提供了解决方案；对南方高丛蓝莓（*SHB*）、北方高丛蓝莓（*NHB*）和蓝莓兔眼品种的基因型分析，为育种者在培育适应当地气候的种质资源时所采取的差异性基因选择策略提供参考；鉴定出控制油菜脂肪酸合成的候选基因，可作为基因组辅助育种的精确靶点，培育出籽油成分和质量改善的品种。

四、作物遗传学、基因组学和遗传改良的信息资源和工具

通过高效获取基因型和表型数据构建遗传信息图谱。

对美国山核桃品种87MX3-2.11、Lakota、Elliott 和 Pawnee 进行了全基因组测序，绘制了山核桃基因定位和功能的遗传蓝图；采用高通量预测模型，利用近红外光谱技术确定银胶菊中的树脂和橡胶，最大限度提高银胶菊的橡胶和树脂表型效率；开发了马铃薯块茎的计算机视觉数据采集与测量工作流程，可以高效获取马铃薯块茎的大小、形状、表皮和肉质等表型数据表1，表2。

表1　已完成鉴定的物种性状及相关基因

物种	性状	基因
生菜	抗褐变	褐变相关基因
番茄	抗炭疽病	5种能抵抗番茄果实腐烂的基因
大豆	耐旱、提高豆粕消化率	水分利用效率相关基因，棉子糖家族寡糖合成相关基因

续表

物种	性状	基因
向日葵	传粉效率、产量和籽粒大小；抗锈病	小花深度和籽粒大小相关的基因；鉴定出抗锈病种质 KP193 和 KP199，其抗锈病基因 $R17$ 和 $R18$ 定位于向日葵第 13 染色体
高粱	粒级、产量	决定籽粒大小的关键调节因子 $SbGS3$ 基因
小麦	抗褐斑病	鉴定出一个对所有菌种具有广谱抗性的基因
黑莓	甜度	确定了与糖含量相关的 173 个基因组区域
棉花	纤维强度	决定棉花纤维强度的 DNA 区域

表 2 已发布的新品种

品种	有益性状
铁杉'旅行者'	抗铁杉球蚜
马铃薯'Galena Russet'	产量高、形状好、用途多，良好薯条加工特性
冬季大麦'Upspring'	产量、越冬性和高 β - 葡聚糖含量综合平衡较优
转基因小麦	具有对小麦条纹花叶病毒和小麦花叶病毒的双重抗性
春季黄豌豆'USDA-Kite'和'USDA-Peregrine'	在产量和种子大小上与现行品种相当，但白粉病抗性更高
花豆'USDA-Rattler'	对干旱和低肥土壤表现出耐受性，抗菜豆普通花叶病毒和豆锈病
花豆'ND Falcon'	抗豆锈病
大豆'USDA-N6005'	高蛋白含量，蛋白质含量 ≥ 48%
甘蔗'CP13-1223''P13-1954''CP12-1753''CP13-4100'和'CPCL13-4046'	抗褐锈病和黄锈病、耐受性高、产量高
甘蔗'Ho13-739''Ho13-710''Ho11-573'	抗病害、抗甘蔗螟、高产
甘蔗'Ho06-9002'	纤维含量高、再生能力强、抗寒性好、茎秆高、生物量产量大、抗褐锈病或黑穗病
桃子'Rich Joy''Liberty Joy''Crimson Joy'	在不理想的天气条件下，'Crimson Joy'和'Liberty Joy'提高了种植可靠性，而'Rich Joy'填补了收获期的关键空白
黑莓'月食''银河'和'暮光'	硬度好、颜色深、花青素含量较低

来源：USDA

日本发布"绿色食品体系战略草案"

日本农林水产省（MAFF）发布"绿色食品体系战略草案"（MeaDRI），旨在通过创新实现脱碳和抗灾能力的提升，并计划于2050年实现。该战略草案涉及改善整个农林渔业供应链的所有部门的计划，包括环境、社会和经济等方面。该战略计划于2021年5月正式发布。

该战略提出将二氧化碳排放量降至零，减少农药和化肥的使用，将25%的耕地转化为有机生产耕地，到2030年将粮食和农产品出口增加500%，提高食品制造商生产力的目标，以及到2040年创新技术和生产系统的路线图。并呼吁政府和私营部门进口可持续生产的原料。

MAFF尚未宣布为MeaDRI提供相关资金，但表示将从日本2022财政年度（JFY）预算开始，扩大现有资金投入并引入新的资金，以实现相关战略目标。MAFF 2021年对气候变化相关研究和对农业、林业和渔业部门的支持资金预计为1 387亿日元（12.8亿美元）。

来源：USDA

欧盟委员会公布"2021—2030年有机行动计划"

3月25日，欧盟委员会发布了《欧盟2021—2030年有机行动计划》。作为从农场到餐桌战略的一部分，该行动计划要求到2030年有机农业用地占欧盟农业用地总面积的比例达到25%（目前为8.5%），并大幅增加有机水产养殖。鉴于各成员国有机种植农业用地占比差异较大（从0.5%到25.3%），欧盟委员会建议成员国尽快制定本国有机农业战略，出台相关计划和激励措施，明确时间节点和国家目标，以增加本国有机农业的份额。

新的有机行动计划建立在2014—2020年行动计划的基础上，并考虑了2020年9月至11月举行的有机食品公众咨询的结果。该计划由3个目标组成，共23项具体规划。内容如下：

目标一：促进有机农产品消费，加强消费者信任。欧盟年人均有机农产品消费约84欧元。增强对有机农产品和有机标识的了解和信任将进一步提高消费者的购买意愿。具体规划包括：推广有机农业和欧盟有机农产品标识；推广有机食堂，增加使用绿色公共采购；加强有机学校计划；防止食品欺诈，加强消费者信任；提高可追溯性；促进私营部门的贡献。

目标二：增加有机农产品生产和加工，强化整个供应链。建立适当的食品供应链以鼓励有机生产和缩短分销渠道，使农民能够从有机农产品的附加值中充分受益。具体规划包括：鼓励向有机农业转换、投资和交流最佳实践；开展行业分析，提高市场透明度；支持食品链的组织；加强本地和小额加工，促进短期贸易发展；根据有机规则改善动物营养；加强有机水产养殖。

目标三：提高有机农业对可持续发展的贡献。有机农业有助于保护环境和气候，保持土壤长期肥力，提高生物多样性，营造无毒的环境和提高动物福利标准。具体规划包括：减少气候和环境足迹；加强遗传生物多样性和提高产量；开发对有争议投入和其他植保产品的替代品；加强动物福利；提高资源利用效率。

来源：USDA

美国2020财年畜禽生产国家行动计划年度报告

美国国家101计划（NP101）旨在在保护动物遗传资源的同时，开展提高畜禽生产效率、行业可持续性、动物福利、产品质量和营养价值的研究。美国农业部于近期发布了《美国2020财年畜禽生产国家行动计划年度报告》，该报告列出了与"美国国家101计划——畜禽生产国家行动计划（2018—2022）"所涉及的重大研究成果及预期产品，主要内容如下：

一、提高生产和生产效率，同时在不同的畜禽生产系统中提高动物福祉

1. 提高生长效率和养分利用

研究内容1：发展三维成像技术以预测猪的体重。

预期产品：家畜和家禽的精确喂养系统，优化动物的营养可用性，同时最大限度地减少对环境的污染。

研究内容2：对与仔猪断奶相关的真菌 Kazachstania slooffiae 进行基因组

测序，了解其在仔猪生长和健康中的潜在作用。

预期产品：鉴别用于改善牲畜生长性能的抗生素替代品。

2. 提高繁殖效率

研究内容：猪胎盘染色质修饰随季节变化对猪繁殖效率的影响。

预期产品：减少季节对畜禽生育力和妊娠维持影响的策略。

3. 提高畜禽健康水平和改善动物福利

研究内容1：使用一氧化二氮（笑气）对仔猪实施安乐死和使用二氧化碳一样有效，而且可能更人道。

预期产品：在传统生产系统中，针对特定物种，具有成本效益的策略，以减轻动物应激，提高动物福祉和寿命。

研究内容2：利用红三叶草缓解羊茅毒性。

预期产品：综合生产系统最佳管理实践，提高生产效率，同时保持或改善动物福利、产品质量、经济竞争力和可持续性。

二、了解、改进和有效利用动物遗传和基因组资源

1. 发展基因组学和宏基因组学研究所需的生物信息和其他能力

研究内容：利用低成本、低覆盖率的基因型，开发杂交牛正确分配测序水平基因型的验证算法。

预期产品：开发综合的、密集的和广泛的表型和分析工具，用以关联基因组和表型数据，改进基于基因组的遗传价值评估。

2. 描述功能基因组通路及其相互作用

研究内容：优质的牛基因图谱。

预期产物：对有关单个基因的功能和调控及其与环境和表观遗传效应的相互作用的信息进行整合，有助于在食用动物中产生重要的经济性状。

3. 保存、鉴定和管理畜禽遗传资源

研究内容1：贮藏家畜种质资源。

预期产品：一个公开可用的数据库，为行业和研究团体提供种质样本、表型和基因组信息。

研究内容2：火鸡卵巢组织移植的最佳供体年龄。

预期产品：适用于所有畜禽物种的成功和有效的低温保存技术和方法。

4. 利用基因组工具开发和实施遗传改良计划

研究内容：提高饲料利用率遗传标记鉴定的新方法。

预期产品：改进畜禽的遗传评估程序和遗传选择程序。

5. 畜禽基因改造和基因工程的改进技术

三、测量和提高产品质量，增强肉制品的健康性

1. 改善产品质量和减少畜禽产品差异的系统

研究内容：上等牛腰肉嫩度分类。

预期产品：开发具有成本效益的技术，以更好地预测和评估农场和加工过程中的肉类品质属性。用于确定产品质量和产量的在线商业仪器和方法。

2. 改善传统和非传统生产系统中肉类产品的健康性和营养价值

来源：USDA

Robs4Crops帮助欧盟农业加快实现自动化

Robs4Crops 项目由欧盟"地平线2020"计划资助，于2021年1月1日开始，为期4年，预算达790万欧元。

该项目由荷兰瓦赫宁根大学与研究中心领导，将帮助欧洲在农业中大规模运用机器人和自动化技术。Robs4Crops 旨在解决目前阻碍农业机器人大规模应用的结构和技术挑战，并创建一个由智能机具、自动驾驶工具和农业控制器组成的农业机器人解决方案。该项目在现有农业机械和标准，以及前期试验研究的基础上，将构建更加灵活和模块化的自动系统，可大大减少对雇佣劳动力的依赖，提高安全性，并减少食品生产的总体碳足迹。该项目主要应用于要求很高和重复性强的田间作业，特别是机械除草和喷洒农药。

Robs4Crops 代表着一场高科技革命，对生产力、效率和环境可持续性有着巨大的潜在影响。它将减少人们从事枯燥乏味、有害健康且无需思考的工作，被认为是重振欧洲食品和农业产业的变革者，也是加快在农业中采用高科技机器人和自动化技术的重要催化剂。

来源：Wageningen University & Research

日本发布"土地改革长期计划"

2021 年 3 月，日本根据《土地改革法》相关规定，发布了《土地改革长期计划》，重点提及在土地改革方面遇到的挑战，所设立的政策目标，以及相应的措施。

一、政策挑战一：通过强化生产基础实现农业产业化

政策目标 1
农地集约化，推动智慧农业进程，降低生产成本，增强农业竞争力。
措施
（1）促进基础设施建设，如将农业用地划分为大块土地，将农业用地集约化，并降低生产成本。

（2）通过农业机械自动化和 ICT 水管理促进智慧农业，以应对多样化的用水需求，如稻田的大分区、旱田和园地的分区等。

政策目标 2
转向高收益作物，通过形成产区提高盈利能力。
措施
推广稻田通用化和旱地化，以及改种蔬菜和果树等高收益作物，并结合相关措施促进出口。

二、政策挑战二：确保乡村人口多样化以促进乡村振兴

政策目标 3
确保收入和就业机会，为人们在农村生活创造条件，支撑农村的新动向和新活力。
措施
（1）综合推进具有地区特色（如山区）的基础设施建设和生产、销售，促进农村工作方式改革，通过对设施的一体化推进，节省劳动力，实现多样化的工作方式。

（2）通过确保农村生活的基础设施，如农业村落排水设施的节能化、村

落道路的通畅化、改善信息和通信环境等，促进通过远程工作和"农泊"（旅居在农村地区，体验当地日常生活）等方式回归农村，并促进相关人口的产出和人口规模的扩大。

（3）通过允许多元化人才参与土地改革，推动和强化农业农村土地改革区的组织运营体制建设。

三、政策挑战三：加强农业农村建设

政策目标 4

通过排水设施整备、蓄水池对策和流域治水等措施来应对频发、严重化的灾害，加强农业农村建设。

措施

（1）加强农业池塘退化评估、地震和暴雨抗性评估，组织集中和有计划的防灾工作。

（2）强化农业水利设施抗震设防，排水系统设施的维修和改造，加强现有水库的洪水调节能力，利用稻田（稻田水库）促进流域治理。

政策目标 5

有效利用 ICT 等新技术推进农业水利设施的战略性保护管理和灵活的水管理。

措施

利用机器人、通信技术等，通过有计划、高效地维修和更新设施，促进彻底的战略维护管理，实现灵活的水管理。

来源：日本农林水产省官网

联合国发表"促进自然积极生产"报告

近日，联合国粮食系统首脑会议科学小组发表了一份题为"促进自然积极生产"（*Boost Nature Positive Production*）的报告，概述了对自然有益的粮食系统的特点，讨论了与可持续、高效农业生产有关的机遇和挑战，以期提出具体的政策建议。该报告呼吁提供一个综合的、系统的方法来重新调整我

们的粮食系统，以实现一个可持续的、可恢复的、"自然积极"的未来。世界各地的粮食系统正在导致栖息地和生物多样性的丧失、土地和水的退化以及温室气体的排放。这些现象反过来又破坏了粮食系统的生产力、可持续性和复原能力。如果我们采取几个基本步骤重新调整我们的食物、饲料和纤维生产，以实现大规模的对自然有益的农业生产，从而打破这个恶性循环。

报告还提出，必须努力实现以下目标：保护自然生态系统免受退化和转化；可持续地管理现有生产系统，以支持生态系统健康和景观水平的恢复能力；恢复退化的生态系统。主要工作涉及：水土管理、土地利用规划、生物多样性保护、农业生态学和循环经济、分子生物学和植物育种的新科学和新技术、替代蛋白质来源、以及管理农业、土地和自然资源的数字工具。

重要的转变不仅需要技术和实践上的创新，还需要改变食品系统的治理，需要在政策、投资、激励措施和补贴方面做出根本改变。自然积极的方法将被整合到农业推广计划、中学和大学课程以及职业教育计划中。最终目标应该是促进学术机构、农民、公民团体、行业团体和政策制定者之间的五方对话，将科学知识转化为可行的行动。

来源：AgroPages

USDA 部分重点农业资助计划

NIFA 投资逾 5 000 万美元用于初级农民和牧场主发展计划。美国国家食品与农业研究所（NIFA）10 月 27 日宣布将通过"初级农民和牧场主发展计划（BFRDP）"为 140 个组织和机构提供超过 5 000 万美元的资金，用于为新手农民和牧场主提供教育和培训。这笔资金将支持培训的课程设置、信息材料和专业发展，包括资本管理、土地获取和管理以及有效的商业和农业实践等一系列重要主题。

USDA 将拨款超 2.43 亿美元用于加强特种作物产业。美国农业部（USDA）于 10 月 28 日宣布将向特种作物整体补助计划（SCBGP）和特种作物研究计划（SCRI）投资超 2.43 亿美元，以支持水果、蔬菜、坚果和苗圃作物等特种作物产业。其中，1.699 亿美元投资于 SCBGP，来支持特种作物的种植，有助于特种作物行业从新冠肺炎疫情的影响中恢复过来，加强粮食系统的韧性和农业系统方面的投资；7 400万美元投资于SCRI，该计划解决了特种作物行业传统和有机食品及农业生产系统面临的关键挑战，其重点领域包括改善作物特性、管理病虫害威胁、提高生产效率、盈利能力和技术创新，以及减轻食品安全风险。

NIFA拨款280万美元解决兽医服务短缺问题。美国国家食品与农业研究所（NIFA）11月3日宣布了17项兽医服务资助计划（VSGP）奖励，包括7项教育、推广和培训（EET）计划和10项农村实践改进（RPE）计划，以帮助缓解美国食用动物兽医服务短缺问题。总资助金额280万美元。VSGP的目标是，通过向经认证的学校和组织提供教育、推广和培训资金，以及向兽医短缺的兽医诊所提供农村实践改进资金。该计划旨在支持教育和推广活动，帮助兽医、兽医专业学生和兽医技师获得食用动物相关的兽医专业技能和实践，为兽医短缺的农村地区提供有效支撑。

NIFA投资260万美元用于马铃薯研究。NIFA 11月3日宣布颁发4项马铃薯研究经费，作为其特别研究经费计划（Potato Breeding Research）的一部分。马铃薯育种研究计划的重点是利用传统育种结合先进的分子和生物技术方法开发、测试优质商业马铃薯品种。这项研究将有助于提高马铃薯品质，增强病虫害抗性，进而开发商业品种，并向种植者提供优质的种质材料。

NIFA投入超过350万美元用于食品、农业服务和农场安全教育。NIFA 11月4日宣布一项超过350万美元的投资，用于食品和农业服务教育，以及农场安全教育，通过提供服务学习活动增加社区年轻群体的农业知识技能和实践体验。这项投资包括在新的农业研究、推广和教育计划下通过NIFA的食品和农业服务学习计划（FASLP）提供的200万美元资金，以及通过其青年农场安全教育和认证计划在4年内提供的160多万美元资金支持。

来源：USDA

美国和阿联酋主导启动"气候农业创新使命"计划

11月2日，在第26届联合国气候变化大会（COP26）上，美国和阿联酋与 31 个国家（包括英国、巴西、加拿大、丹麦、以色列、新加坡、澳大利亚、阿塞拜疆等国）和超过 48 个非政府合作伙伴正式启动"气候农业创新使命（AIM for Climate）"计划，预计在 5 年内（2021—2025 年）筹集 10 亿美元投资于气候智能型农业和粮食系统创新。

AIM for Climate 主要目标：在 5 年内（2021—2025 年）大幅增加对气候智能型农业和粮食系统的农业创新投资；支持促进国际和国家创新层面技术讨论、专业知识交流和优先事项的框架和结构的建立，以扩大参与者的投资影响；将部长、首席科学家和其他利益攸关方作为农业创新合作的关键点和倡导者，帮助他们建立适当的交流机制，促进他们在优先事项上的创新合作。

来源：USDA

USDA投入逾1.46亿美元进行可持续农业研究

10 月 6 日，美国农业部（USDA）宣布投资超过 1.46 亿美元用于可持续农业研究项目。这项投资是美国国家农业和食品研究所（NIFA）农业和食品研究计划（AFRI）可持续农业系统计划中的一部分。AFRI 是美国领先且规模最大的农业科学竞争性资助计划，这些资助提供给符合条件的学院、大学和其他研究机构表 3。

表3　AFRI可持续农业系统计划资助的项目

标题	周期（年）	资助金额（万美元）	机构
在不断变化的气候条件下维持美国西南部的地下水和灌溉农业	2021—2026	1 000	加利福尼亚大学戴维斯分校
寻求科学和工程方面的创新和发现，以确保农业、生态系统和社区的水资源安全	2021—2026	1 000	加利福尼亚大学默塞德分校
促进儿童健康生活的粮食系统研究（CHL 食品系统）	2021—2026	1 000	夏威夷大学
可持续配置农业和光伏电力系统（SCAPES）项目	2021—2025	1 000	伊利诺伊大学

续表

标题	周期 （年）	资助金额 （万美元）	机构
通过中西部农业的多样性促使玉米带的农场、景观和市场多样化	2021—2026	1 000	普渡大学
通过实行多年生地被植物（PGC）种植制度，重建美国的环境以改善自然资源和农业产品	2021—2026	999	艾奥瓦州立大学
提高牛奶生产效率和质量，利用藻类生产回收营养物质，最大限度地降低食品安全风险，提高乳制品和藻类生产的盈利能力	2021—2026	1 000	科尔比学院
美国大西洋鲑鱼可持续水产养殖（ASRAS）产业建设研究	2021—2026	1 000	马里兰大学巴尔的摩分校
提高美国农业食品系统可持续性、弹性和稳定性的综合方法研究	2021—2023	400	塔夫斯大学
使用大麻作为新型饲料添加剂用于水产养殖	2021—2023	400	中央州立大学
将大麻作为制造多种高性能生物基产品的基础材料，以促进美国西部农村经济发展	2021—2026	1 000	俄勒冈州立大学
通过利用再生农业管理实践实现并优化可持续的农业集约化生产	2021—2026	1 000	得克萨斯州农工大学
通过建立智能食物景观（foodscapes），提高美国西部牛肉生产系统的经济和环境可持续性	2021—2026	680	犹他州立大学
通过临床和流行病学评估，调查新型生物强化作物品种和食品对人类健康的影响；开发和利用由可持续种植系统内种植的改良作物品种制成的营养食品	2021—2026	1 000	华盛顿州立大学
通过整合多样化的多年生循环系统，促进景观恢复力和生态系统服务	2021—2026	1 000	威斯康星大学麦迪逊分校

来源：USDA

嘉士伯基金会斥资1 950万丹麦克朗开发耐旱性植物

嘉士伯基金会（Carlsberg Foundation）向由嘉士伯研究实验室主持的 Semper Ardens 新研究项目提供了 1 950 万丹麦克朗的资金，该实验室将与丹麦哥本哈根大学、澳大利亚昆士兰大学、美国土地研究所等的几位合作伙伴一起开发具有更高产量和更好营养价值的耐旱性植物。

该项目将侧重于探索一年生高粱和多年生作物快速生长的机制。研究人员将对高温和干旱等压力条件下的激活机制进行深入和探索性的分析。蛋白质、碳水化合物、细胞壁和其他物质的形成也将被监测。研究结果将用于鉴定对耐旱性、抗病性、收获产量和营养价值具有重要意义的特定基因，并将有助于鉴定能够改善高粱作物上述特性的遗传变异。这些遗传变异将通过嘉士伯研究实验室开发的一个高效且有针对性的遗传筛选平台和一个大型植物变异库来识别。

研究人员将使用多达 50 万个的大量植物种群来寻找所需的遗传变异。这是以前研究中使用的种群数量的 500 倍，大大增加了找到所需变异体的概率。

这项研究将提供新的、重要的植物遗传学知识，对培育未来的栽培植物至关重要，试验得到的栽培植物将成为基于提高耐旱性和提高抗病能力的可持续生产的基础。

来源：SeedQuest

产业发展

OECD和FAO联合发布《2021—2030年农业展望》

7月5日经合组织－粮农组织（OECD-FAO）联合发布的《2021—2030年农业展望》，对国家、区域和全球层面的农业商品、鱼类和生物燃料市场做出未来10年的前景预期，也为前瞻性政策分析和规划提供了参考。预测要点如下：

消除饥饿的挑战将因国家而异。根据《展望》，未来10年，全球人均粮食供应量预计将增长4%。然而，全球平均水平掩盖了地区之间的差异。预计中等收入国家消费者的食物摄入量将显著增加，而低收入国家的食物摄入量将基本保持不变。

预计未来10年将会有一些饮食结构变化。在高收入国家，动物蛋白的人均消费量预计将趋于稳定。由于对健康和环境的日益关注，人均肉类消费量预计不会增加，消费者将越来越多地用家禽和乳制品取代红肉。在中等收入国家，对畜产品和鱼类的偏好预计将保持强劲增长势头，人均动物蛋白供应量预计将增长11%，与高收入国家的消费差距将缩小4%。

饮食结构将影响健康结果。在全球范围内，到2030年脂肪和主食预计将提供63%的可用热量，而水果和蔬菜将继续只提供7%的可用热量。需要进一步努力实现世界卫生组织建议的每人每天400克水果和蔬菜净摄入量。这包括努力减少食物的损失和浪费，尤其是易腐食品。

饲料效率和疾病暴发将对动物生产和农业市场未来发展趋势产生重要影响。高收入国家和一些新兴经济体的牲畜生产增长放缓和饲养效率提高，可能将导致饲料需求增长较过去10年放缓。相比之下，随着一些低收入和中等收入国家畜牧部门的扩大和加强，它们的饲料需求在未来10年将出现强劲增长。中国是世界上最大的饲料消费国，其畜牧业的发展将是全球饲料市场发展的中心。

生物燃料行业的扩张速度将远低于过去20年。除甘蔗外，生物燃料生产预计在主要原料商品中所占份额将下降。在欧盟和美国，政策越来越支持向电动汽车过渡，并支持将废物和残渣作为生物燃料生产的原料。然而，甘蔗和植物油的主要生产国（例如巴西、印度、印度尼西亚）将继续扩大其生物燃料的生产。

公共和私人投资在提高生产率方面将发挥重要作用。未来10年，全球农业产量预计每年增长1.4%，新增产量主要来自新兴经济体和低收入国家。更广泛地获得技术、基础设施和农业培训方面的投入以及提高生产力的投资，是农业发展的关键驱动因素。公共和私人支出对于提高农业生产力尤其关键。

在提高产量和改善农场管理方面的投资将推动全球作物生产的增长。如果未来10年继续向更集约化生产体系过渡，预计全球农作物产量增长的87%将来自产量提高，7%来自种植强度的增加，只有6%来自耕地扩大。

畜牧业和鱼类生产预计增长14%，其中很大一部分将来自生产率的提高。预计畜群的扩大也将显著促进新兴经济体和低收入国家牲畜生产的增长。牲畜部门生产率的提高将主要通过更密集的饲养方法、遗传改良和更好的畜群管理来实现。水产养殖产量预计将在2027年超过捕捞渔业产量。

农业对气候变化将作出重大贡献。由于农业直接温室气体（GHG）排放量预计将以低于农业生产的速度增长，未来10年农业生产的碳强度预计将有所下降。然而，全球农业温室气体排放在未来10年预计将增加4%，其中畜牧业占80%以上。因此，农业部门需要做更多的政策调整，包括大规模实施气候智能型农业生产，特别是在畜牧业领域。

对未来市场价格的预测具有不确定性。2020年下半年，受中国强劲饲料需求和全球产量增长受限的推动，多数大宗商品的国际价格上涨。此后，在生产率提高和需求增长放缓的推动下，市场实际价格预计将略微下降。在未来10年，天气变化、动植物病虫害、不断变化的投入价格、宏观经济发展和其他不确定性将成为导致市场价格变化的原因。

来源：OECD

欧盟2020—2030年农业展望

欧盟委员会于2020年12月16日发布的《欧盟2020—2030年农业前景展望》（Agricultural Outlook for 2020—2030）对农耕作物市场做出预测。预计未来10年，欧盟农耕作物产量的增长将受到限制。此外，数字化将成为提高生产率、改善劳动条件和提高环境标准的关键所在。

预计欧盟的农耕用地总量将减少 50 万公顷，降为 1.612 亿公顷。同时，欧盟森林面积将继续扩大，达到 1.61 亿公顷，到 2030 年，欧盟的森林面积将与农业面积相当。牧草的种植面积将有所增加，而用于耕种作物的土地将减少。

欧盟谷物总产量将保持稳定，约为 2.78 亿吨。尽管耕地面积将减少，但由于提高了作物轮作、改善了土壤管理和增加了决策支持工具的使用，作物产量将会增加。到 2030 年，欧盟总消费量将稳定在 2.6 亿吨，食品消费量也会增加。至于贸易，随着欧盟和全球价格的趋同，以及靠近地中海地区和撒哈拉以南非洲等进口市场，欧盟的出口将会加强。

欧盟油籽总产量将有所增加，主要得益于向日葵和大豆产量的增长。随着油籽进口的小幅增长，压榨量将会随之增加，欧盟对油籽油的需求将持续增长。植物油的消费预计将有所下降，这主要是由于棕榈油进口的减少。

欧盟的高蛋白作物产量将大幅增长，种植面积的大幅增加和产量的提高是主要原因。对创新植物蛋白产品和本土生产的富含蛋白质的作物的强劲需求将会促使消费增长 30%。

此外，欧盟糖料作物种植面积将在未来十年趋于稳定。到 2030 年，产量将增加至 1 620 万吨。价格上的优势将帮助欧盟实现自给自足，并有可能成为糖的净出口国。

来源：European Commission

美国预测生物技术将在全球发挥更大作用

美国国家情报委员会（NIC）最新发布了一份题为《全球趋势 2040：一个更具争议的世界》的报告。该报告预测，生物技术到 2040 年可能影响全球 20% 的经济活动，农业和制造业将成为生物经济发展的主要推动力。2019年，美国估计其生物经济产值每年接近 1 万亿美元，约占其国家经济总量的5.1%，而欧盟和联合国 2017—2019 年的估计（其定义适用更广泛的生物经济活动）显示，生物技术对欧洲经济的贡献高达 10%。显示出生物技术对全球经济的重大贡献以及生物经济时代的到来。

在自动化技术、信息技术和材料科学进步的推动下，可预测的操纵生物系统能力日益增强，已经激发了农业、卫生、制造业和认知科学领域的空前创新。生物技术的创新极有可能使全球在2040年前减少疾病、饥饿和对石油化工的依赖，同时改变人类与环境之间的互动方式。如何利用这些有益的进步，同时解决围绕这些技术（例如转基因作物和食品）的市场、监管、安全和伦理问题，将是社会面临的挑战。

先进的生物技术将使农业和粮食生产发生变革，生产出种类更多、价格更低、更有营养、对环境影响更小的食品。但生物多样性减少、基因改造引起的社会焦虑、劳动力和供应链变化可能会带来潜在的风险。技术变革的步伐，特别是先进制造业、人工智能和生物技术的发展，可能会加速制造业和全球供应链的中断，造成一些生产方式和就业机会的消失。供应链的变化可能对较不发达的经济体造成明显的影响，许多新工作将需要技能水平更高或掌握更多技能的工人。

来源：Alliance for Science

生物技术是实现零饥饿目标的关键

7月26—28日，联合国粮食系统峰会预备会议（UN Food Systems Pre-Summit）在意大利罗马召开，联合国成员183名部长级代表参会。在此次会议上，作为一个重要议题，联合国邀请了社会各界进行公开对话，探讨农业生物技术在通过提高主要作物的产量、效率或恢复力来改善粮食系统方面的作用。一些与会代表表示，农业生物技术是改善全球粮食系统以确保联合国到2030年实现零饥饿目标的重要工具。

英国洛桑研究所（Rothamsted Research）和PG农业经济咨询公司（PG Economics Limited）的负责人指出，1996—2018年转基因作物的种植使全球粮食、饲料和纤维产量增加了8.24亿吨。农民在同一时期通过种植转基因作物获得了2 250亿美元的额外收入，农用杀虫剂的使用减少了8.6%，农业对环境的影响减低了19%。这类技术帮助减少了相当于1 530万辆汽车的碳排放量。

巴西合成生物学俱乐部（Synthetic Biology Club）创始人表示，生物技术帮助巴西从粮食净进口国转变为粮食净出口国。如果要在 2030 年实现零饥饿，全球应该接受这类技术。

孟加拉"未来农业"组织（Farming Future Bangladesh）的负责人指出孟加拉国农民因种植转基因茄子（Bt 茄子）而增加了 6 倍的收入。

非洲农业生物技术公开论坛（Open Forum on Agricultural Biotechnology，OFAB）项目经理表示，农业生物技术可以在粮食体系转型中，特别是在提高作物附加值方面发挥重要作用，他敦促各国政府加大对该技术的投资。

肯尼亚生物安全系统国家计划（Program for Biosafety Systems）的代表指出，农业的精准度从转基因技术扩展到基因编辑，随着技术的不断发展，大多数产品不含有外来基因，CRISPR 技术在作物改良中的使用迅速增加，确保了农艺价值、食品和饲料质量、生物胁迫耐受性、除草剂耐受性、非生物胁迫适应性、增强育种等。

智利新作物技术公司（Neocrop Technologies）的创始人指出，发展中国家可以将对生物技术的应用视作机会，转基因生物以前是由发达国家的大公司推广的，但随着基因组编辑的涌现，初创公司和小公司正在利用这类技术大幅改善农业现状。

这项公开对话中产生的想法、解决方案、伙伴关系和行动计划将被正式提交给粮食系统峰会对话平台，以提供建议并推动峰会决策的有效实施。

来源：Alliance for Science

细胞农业或对未来食品工业和社会产生巨大影响

细胞农业是指在工厂里通过细胞或酵母培养来生产农业产品的生产技术。宾夕法尼亚州立大学的一项研究，评估了细胞农业的潜在发展道路，指出细胞农业的发展有可能引起社会焦虑和不安全感，也可能成为有益的食品生产替代方案。该研究得到美国农业部国家食品和农业研究所、农业科学院和宾夕法尼亚州立大学的资助。研究成果发表在《农业与人类价值》

（*Agriculture and Human Values*）上。

一、积极影响

细胞农业作为新兴的食品生产技术，将计算机科学、生物制药、组织工程和食品科学结合起来，从动物细胞或转基因酵母中培育出肉、乳制品和蛋类产品。随着细胞农业的兴起，其技术和市场扩张速度越来越快，尽管细胞肉尚未广泛地提供给消费者，但其支持者认为，细胞农业可以减少土地、水和化学物质的投入，最大限度地减少温室气体排放，改善食品安全，优化营养，并降低了饲养和屠宰大量动物作为食物的需要。

二、消极影响

但研究人员也表示，目前最有可能利用这些创新技术的实体是大型公司，它们使用数字平台和大数据来协调庞大的用户生态系统并在各行业中获取市场份额。细胞农业可能加速财富的集中，并减少公众对农业的整体参与程度，同时提供的环境和公共健康效益要低于产品进入市场的初期承诺。

来源：Pennsylvania State University

艺术注入农业：助力可持续农业创新发展

据世界经济论坛网站报道，荷兰艺术家兼创新者丹·罗斯加德（Daan Roosegaarde）受光生物学技术的启发，设计了一个占地 2 万平方米的艺术作品 GROW，旨在研究短暂暴露在某些波长紫外线下的作物是否可以减少对杀虫剂的需求，进而突出创新在可持续农业中的重要性。

专用 LED 灯通常用于温室作物的种植，近年也用在城市的垂直农场当中。同时科学家认为，LED 灯在传统的乡村环境中也有一定的应用潜力。研究表明，蓝光、红光和紫外光（UV）的某些组合可以促进植物生长，并能够减少高达 50% 的农药使用量。特定的紫外线能够激活植物的防御系统，并且适用于所有农作物。

GROW 建立在荷兰莱利斯塔德市（Lelystad）的一片韭菜田里，由合作伙伴瓦赫宁根大学（Wageningen University）和荷兰合作银行（Rabobank）共同开发。在夜晚，数千盏蓝色、红色和紫色 LED 灯组成的彩色灯光仿佛在田野上跳舞，成为一处新的艺术景观，体现了科学与艺术的结合。

来源：World Economic Forum

全球生物塑料市场发展预期

全球行业分析公司（Global Industry Analysts Inc.）今年发布的"生物塑料和生物聚合物——全球市场轨迹与分析"报告指出，生物塑料等创新材料正迅速成为传统塑料的有效替代品，以减少污染。该报告预计，到 2024 年全球生物塑料和生物聚合物市场将达到 149 亿美元。生物塑料由有机、可再生资源生成，并且可以在短时间内生物降解，生物塑料也可以被生活在土壤或海洋中的某些微生物酶消化。生物塑料的关键可持续性能包括：可回收性、类似于天然石油基 PET 和环境友好。

欧洲是生物塑料和生物聚合物的最大区域市场，估计占全球总量的35.2%。同时，欧洲也是全球主要生物塑料生产国之一，约占全球生物塑料产能的 20%。欧洲地区这一市场增长的主要原因是：当地垃圾填埋场容量正在迅速减少，对天然气和化石燃料的依赖度高，越来越需要抑制温室气体排放，政府在新聚合物的认证和商业化方面制定了强有力的法规，且消费者对环境保护的意识也在逐步提升。

在北美地区，聚合物工业的快速发展促进了该地区对生物聚合物需求的增长。

在亚太地区，日益提升的环境保护意识和政府法规正在推动该地区对生物聚合物的需求，预计至 2024 年，中国将以 21.1% 的复合年增长率成为增长最快的区域市场。

来源：Bio Market Insights

种业巨头KWS发布2030年可持续目标

德国科沃施集团（KWS）9月20日在其官网上发布了2030年可持续发展目标。

"产品影响"发展目标：每年实现1.5%的增产，在植物育种方面取得进展，为超过600万公顷农田的农民提供数字解决方案。限制农业资源的使用，将每年30%以上的KWS研发预算用于减少资源使用，确保25%以上的KWS品种适合低投入农业。提高作物多样性，将有针对性育种计划的作物数量从24种增加到27种。通过扩大适合人类直接消费的KWS品种至40%以上来支持可持续的饮食。

"企业责任"发展目标：改善公司的运营足迹，到2030年，将限定范围内的二氧化碳排放量减少50%，到2050年实现净零目标；建立记分卡，以记录所有种子生产场地清晰的生态足迹。通过以下方式培养公司的社会承诺：每年将至少1%的EBIT（营业收入）投资于全球社会项目；衡量并稳步提高员工敬业度；职业事故/疾病指数比重持续下降。

来源：KWS

科迪华全球新型生物制剂市场布局

科迪华农业科技公司（Corteva Agriscience，Corteva）和微生物技术领域专家西班牙兴播公司（Symborg）于近日达成一项基于微生物固氮技术的多年协议。该协议几乎涵盖了欧洲大陆所有国家（北欧国家和荷兰除外）和以色列。通过这项协议，Symborg将向Corteva提供内生细菌共生甲基杆菌（*Methylobacterium symbioticum*）的独家经销许可，该细菌与植物共同作用，从大气中获取所需的氮。Corteva将推出两个品牌，UtrishaN和BlueN，均属于营养效率优化剂，且适用于所有粮食作物。在自然田间条件下，这种颠覆性技术将提高综合营养管理效率，帮助植物生长，最大限度地提高作物产量。这项协议的签订标志着Corteva进一步扩大了在全球的生物制剂产品组合。涉及的业务将致力于开发经过验证的、具有可预测性能的生物刺激素、生物防治和信息素产品。这项在欧洲达成的协议同时也对 Corteva 在美国、加拿大、巴西和阿根廷已占据的生物制剂市场产生了积极的影响。

　　Corteva 和 Andermatt USA 于 7 月 31 日就生物防治解决方案签署一项为期多年的协议，涉及一项生物杀虫剂技术和一项生物杀菌剂技术。Andermatt USA 是生产用于生物害虫防治的微生物产品的公司。在这项协议中，Corteva 获得了 1 种基于天然杀虫病毒——棉铃虫核型多角体病毒（Helicoverpa Armigera Nucleopolyhedrovirus）的生物杀虫剂的独家许可。该活性成分针对非洲棉铃虫、玉米穗虫和其他螺旋藻属物种的幼虫，这些害虫会危害到包括大豆、棉花、高粱和玉米在内的作物，而这项技术可以有效并可持续地控制这些害虫。Corteva 还获得了 1 种生物杀菌剂的独家许可，该杀菌剂有助于在植物周围提供抗病保护屏障。该生物杀菌剂基于活性成分 *Bacillus velezensis*，保护马铃薯、水果和蔬菜等植物免受包括丝核菌在内的土壤源传播病原体的侵害。Corteva 将通过自己的品牌在美国市场推广并提供这些微生物类生物制剂。为了延缓耐药性的产生，生物制剂将成为现有作物保护系统的天然补充。Corteva 的生物制剂经营模式结合了外部创新、研发合作、许可和分销。该协议展示了 Corteva 如何瞄准生物制剂领域的成熟公司，开展广泛的外部技术合作，从而扩大获得可持续解决方案的渠道和机会。

来源：Corteva Agriscience、CropLife

美国对巴西牛精液出口创历史新高

　　美国农业部农产品外销局近期发布的《巴西牛精液市场与美国牛精液出口报告》称，美国出口到巴西的牛精液在 2020 年达到了创纪录的水平，预计 2021 年将再创新高。

　　巴西对人工授精（AI）和高质量遗传资源的需求每年以两位数的速度增长，其中牛类的需求增长最快。巴西拥有世界上最大的商业牛群，约 2.38 亿头。2003 年，巴西进口的牛精液总量仅为 350 万剂，但 2019 年增加到 880 万剂以上，2020 年达到创纪录的 1 060 万剂。根据巴西政府官方统计数据，2020 年巴西牛精液进口总额达到创纪录的 3 640 万美元，比 2019 年增长 14%。

由于美国生产的精液质量优越，在巴西进口牛精液市场中占据主导地位。美国是巴西第一大牛精液供应国。2014 年到 2019 年，所占市场份额稳定在 60% 到 70% 不等，2020 年达到了 73%。加拿大是巴西的第二大供应国，2019 年和 2020 年占市场份额分别为 20% 和 18%。阿根廷是第三大供应国，仅占 4% 的份额。

2020 年中国超过巴西，成为美国牛基因产品的第一大市场。2011 年以来，巴西一直是美国牛基因产品的最大市场，墨西哥居于第二，中国第三。然而，自 2016 年以来，中国的需求飙升。尽管 2020 年美国对巴西的出口强劲增长，但中国在价值和数量上都成为美国牛基因的最大市场。按价值计算，巴西退居第三大市场，仅次于中国和英国。

来源：USDA

2020年美国对华农业出口大幅增涨

2021 年 4 月 5 日美国农业部发布《2020 年美国农业出口年鉴》，数据显示，2020 年美国对华农业出口大幅增涨。

2020 年，美国对华农产品出口总额为 264 亿美元，比 2019 年增加 126 亿美元。中国是美国农产品出口的最大市场。就市场份额来看，巴西（22%）、美国（15%）和欧盟（14%）是中国农产品的三大供应国。

2020 年，在大宗商品中出口额增幅最大的是大豆、玉米和棉花，分别增长了 62 亿美元、12 亿美元和 11 亿美元。此外，美国猪肉及猪肉制品、粗粮（不含玉米）和禽肉及制品（不含鸡蛋）出口分别增长 9.8 亿美元、9.62 亿美元和 7.52 亿美元。但是，包括加工蔬菜、皮革和啤酒在内的少数商品的出口分别下降了 2 900 万美元、2 300 万美元和 1 800 万美元。

2020 年美国对华贸易大幅增长的主要原因：

1. 中国政府建立了一项程序，对包括多种美国产品的惩罚性关税（针对美国 301 条款）予以减免。

2. 中国经济从 COVID-19 中复苏，导致对农产品（如：棉花、大豆、小麦和玉米）的需求强劲。

3. 非洲猪瘟对中国的养猪业产生了不利影响，导致对美国猪肉和猪肉产品需求增加。此外，随着中国大力重建养猪场，中国对美国大豆和饲料产品的需求也在增长。

4. 中国还取消了某些结构性贸易壁垒，扩大了美国各种农产品出口在中国市场的准入。

中国对美国农产品的强劲需求将持续下去。中国比世界上大多数国家更快地从COVID-19中恢复过来，并正在增加对美国农产品的购买，包括玉米、大豆和其他动物饲料。持续的经济增长和中产阶级群体的扩大也预示着对家禽、水果和蔬菜以及其他高价值消费品进口需求的增加。

来源：USDA

先正达Enogen玉米被证明饲料效率优于传统品种

先正达种子公司与阿肯色大学复原中心（UARC）合作，于近期公布了一项新的研究成果，该研究发现牛肉生产商通过使用先正达生产的Enogen转基因玉米，将饲料效率提高了5%左右，具有明显的环境效益。这对于牛肉和奶制品生产商来说非常重要，不仅有助于减少养牛产业的温室气体排放，还有助于减少该产业对土地和水资源的消耗。

UARC研究的目的是评估Enogen转基因玉米作为饲料原料时，与传统饲料玉米相比的性能。研究结果显示，Enogen转基因玉米作为饲料具有明显的环境效益，牛肉生产的关键环境绩效指标提高了约6%，在回溯阶段观察到的环境性能改善了3.5%～5%。此外，该品种提高了饲料中淀粉的消化率，有助于将淀粉更有效地转化为糖，为牲畜提供更容易获得的能量。该品种在田间也表现出良好的遗传和农艺性状。

来源：Syngenta Group

KeyGene获得用于鉴定和检测多态性的新专利

2021年4月13日，荷兰KeyGene公司的专利申请"多态性高通量鉴定和检测策略"获得美国专利商标局授权，该专利产品有助于简化测序的多重文库（multiplex library preparation）准备。

该专利涉及一种合成的双链适配体，包括一个3′-T突出端和一个标识符序列。这种条形码3′-T突出端适配体包含一个合成双链或部分双链适配体，其包含用于定向连接到a尾DNA片段或扩增子的"T"碱基突出端。这项专利在下一代测序方法的许多工作流程中都有应用，并在农业和医学中均有广泛应用，从与作物和动物有价值性状相关的单核苷酸多态性（SNP）标记的评分到与人类疾病相关的特定突变的检测。

该专利是对KeyGene早期在欧洲、中国、日本和美国发布的关于3′-T突出端适配体专利的补充，包括2018年10月9日发布的涉及由3′-T突出端适配体和一组PCR扩增引物组成的试剂盒专利。

来源：SeedWorld

荷兰Bejo公司将获得CRISPR-Cas9知识产权许可

5月17日，荷兰蔬菜种子公司Bejo与科迪华公司、麻省理工学院-哈佛大学布罗德研究所签署了一项非排他性研究和商业许可协议。

通过该协议，Bejo将获得CRISPR-Cas9的知识产权，协议允许开展和农业基因编辑相关的研究工作，以及开发潜在的未来商业应用。然而，鉴于目前欧盟及荷兰本国的立法现状，Bejo仅将CRISPR-Cas9技术用于研究。Bejo预计将这项技术应用于多种蔬菜种子，包括芸苔菜、洋葱、胡萝卜和其他蔬菜作物。

Bejo公司在基因编辑方面的投资反映出，人们越来越相信欧盟的政策环境将继续对基因编辑技术及产品开放，欧盟的农民和消费者将从植物育种创新中获益。

来源：Bejo

尼日利亚推出全球首个转基因抗虫豇豆品种

尼日利亚于6月30日正式宣布将对一种转基因抗螟虫豇豆品种（PBR Cowpea）进行商业化种植，尼日利亚成为世界上首个商业化种植转基因豇豆品种的国家。PBR豇豆品种于2019年12月在尼日利亚完成研发并首次公开发布，名为SAMPEA 20-T，是除南非外非洲地区的第一种转基因粮食作物品种，对害虫马卢卡（Maruca Vitrata）具有抗性，这种害虫造成了高达80%的豇豆（豆类）产量损失。PBR豇豆是在非洲农业技术基金会（the African Agricultural Technology Foundation，AAFE）和尼日利亚国家生物技术发展局（the National Biotechnology Development Agency，NABDA）支持下研发的转基因作物品种。目前尼日利亚消费的豇豆有20%是进口的，通过种植PBR豇豆，有望节省数十亿美元的外汇支出。

来源：Science Nigeria

达能和Brightseed利用AI寻找植物营养素

2021年8月4日，欧洲第三大食品集团达能集团和总部位于美国旧金山的生物科学公司Brightseed建立合作关系，将利用人工智能（AI）对各种植物中的有效生物活性化合物进行精确定位，深入挖掘食用植物中更多的植物营养素。这一合作关系正从北美扩展到达能的全球供应链，新合作时间为期3年。

植物中的生物活性物质对人类健康有显著的益处，但目前只有不到1%的这些化合物为科学界所知。Brightseed公司目前正在建立世界上最大的植物化合物库，致力于通过计算机分析成千上万植物样本中的化合物，寻找所谓的"超级营养素"。这种物质可以作为天然的食品添加剂，辅助改善人体健康。Brightseed目前已经筹集了大约5 200万美元。此外，2021年1月，该公司宣布通过其人工智能平台Forager已在80多种常见的食用植物中发现了植物营养素，其产品治疗非酒精性脂肪肝的效果优于已知药物，并计划将于今年进行人体临床试验。自去年以来，两家公司一直专注于确定达能食品制造原料来源植物中存在的生物活性物质与人类健康功能之间的新的生物联系——即"营养暗物质"。该合作伙伴关系将带来一类新的功能性食品，以及在全球范围内的商业化。

来源：FoodIngredientsFirst

微型蔬菜成为高效的营养获取资源

微型蔬菜（Microgreens）富含较高的营养成分和抗氧化化合物。由来自宾夕法尼亚州立大学、希腊马格尼西亚塞萨利大学、葡萄牙布拉干萨理工大学和美国农业部农业研究局园艺研究实验室研究人员组成的一个国际研究小组的最新研究表明，微型植物的种植可能有助于全球营养安全。该研究成果最近发表在《园艺学报》（*Acta Horticulturae*）上。开放慈善组织（Open Philanthropy）和美国农业部国家食品和农业研究所（USDA NIFA）是研究资助方。

作为"面对全球灾难性事件的粮食恢复力"项目的一部分，该小组发现，不管有没有人工照明，一些蔬菜可以在室内小空间的各种无土生产系统中种植。研究人员指出，营养丰富的微型蔬菜是一种高效的营养获取资源，具有巨大的发展潜力。

微型蔬菜的优点：一是容易获得。微型蔬菜的营养成分与丰富多样的颜色、形状、质地特性和风味有关，可从发芽的多种可食用蔬菜中获得，包括草本植物、草本作物和野生可食用植物。二是投入品需求低。由于生长周期短，只需要投入较少肥料，微型蔬菜具有提供必需营养素和抗氧化剂的巨大潜力。三是农艺技术简单。使用简单的农艺技术，可以有针对性的生产出微型蔬菜，以解决特定饮食需求或微量营养素缺乏症条件下的营养安全问题。四是种植工具简单。消费者可以使用厨房的简单工具在家中种植微型蔬菜。种植者仅需要种子、种植托盘和生长培养基——由普通泥炭或泥炭和珍珠岩混合物构成。

根据微型蔬菜的特性，科学家还给出了其他应用建议。

（1）航空航天营养源　美国国家航空航天局和欧洲航天局的科学家还建

议将微型蔬菜作为从事长期太空任务的宇航员的新鲜食物和必需营养素的来源。

（2）营养资源工具包　由于微型蔬菜可被用作功能性食品，可以准备和制作包括种子在内的微型蔬菜生产工具包，在当前和未来的紧急情况或灾难中提供给弱势群体，作为可在较短时间获得的矿物质、维生素和抗氧化剂来源。

来源：Pennsylvania State University

2021年值得关注的4大替代蛋白质发展趋势

1月4日，GreenBiz公司在其官方网站上发布了2021年值得关注的4大替代蛋白质发展趋势。据统计，2021年植物性肉类市场将从2020年的36亿美元增长到42亿美元。到2040年，60%的肉类销售将是植物性或培养肉类。

（1）发酵技术将成为支柱　利用基因工程微生物大量生产植物蛋白的发酵技术将极大改变蛋白质食物系统。发酵的价值在于其简单性、有效性和灵活性，可用于不同的食品类别。尽管行业间竞争十分激烈，但仍有大量风险投资进入这个领域。可以预见，发酵技术或将成为替代蛋白质供应链的支柱。

（2）整切肉替代品的研发将成为重点　尽管替代蛋白质行业在碎牛肉和加工产品（如鸡块、鱼条等）领域取得了巨大进步，但在肉类市场中占很大一部分的整切肉（如鸡胸肉、牛排等）领域尚未取得成功。在2021年，替代蛋白质行业将专注于这一非常有价值的市场领域的创新。

（3）关注非过敏性替代品开发　许多替代蛋白质的标准成分是燕麦、豆类和坚果，这些也是常见的过敏原。对有过敏原的人来说，成为素食者在食品选择上就变得十分有限和困难。因此，2021年蛋白质替代行业将需要开发迎合这一人群的产品。

（4）直接面向消费者销售　2020年初，一些主要的替代蛋白质公司采取只在餐厅销售的战略，后来又扩展到了快餐连锁店。但由于疫情爆发，开始向食品商店甚至直接面向消费者的转变。一些公司在网上开设商店，为消费者直接购买提供了便利。

来源：GreenBiz

2020年替代蛋白产业投资创历史新高

据美国最大的植物性食品推广机构 The Good Food Institute（GFI）公布的数据显示，替代蛋白质公司在 2020 年获得了近 26 亿欧元的投资，是 2019 年筹集资金 8.3 亿欧元的 3 倍多，占该行业过去 10 年投资总额的一半以上。

2020 年是替代蛋白质的突破之年，创纪录的投资流入了该行业的所有领域。其中，植物性肉、蛋和奶制品公司获得 17.5 亿欧元投资，是 2019 年筹资额的 3 倍多；培养肉公司获得超过 3 亿欧元投资，是 2019 年的 6 倍；发酵公司获得 4.93 亿欧元投资，是 2019 年的 2 倍以上。

替代蛋白质产业对于减轻食品生产对环境的影响、实现巴黎气候协议目标以及养活持续增长的全球人口至关重要。尽管受到新冠肺炎疫情的影响，但替代蛋白质行业表现出强劲的韧性，并迅速发展，使投资者认识到该行业发展的巨大潜力。

来源：New Food magazine

转基因三文鱼获准在巴西销售

AquaBounty 公司于 6 月 1 日宣布，该公司研发的转基因大西洋鲑鱼已获得巴西国家生物安全技术委员会（Brazil's National Biosafety Technical Commission，CTNBio）的监管批准，可以上市销售。此外，该公司在印第安纳州奥尔巴尼农场已成功完成其转基因大西洋鲑鱼的首次商业规模捕捞。CTNBio 对 AquaBounty 的申请进行了评估，以确保其符合相关标准和监管要求，并得出结论，该转基因鲑鱼的销售和消费，对环境和人类健康是安全的。

来源：AquaBounty

下一代基于真菌的替代肉类食物

西班牙初创企业 Innomy 于近期推出了基于真菌菌丝体（又称真菌丝）

的肉类替代品。这种真菌菌丝体可以在谷物上生长，在生长 6 周后，菌丝被收获并切片用于食品中。菌丝基质的丝状结构被修改，产生与肉相似的质地。真菌细胞产生了与动物肉类质地相同的稠度，而且不需要进行大量加工，对环境的影响较小。Innomy 的初始产品线将推出汉堡包、香肠、肉丸替代品，计划于 2022 年在西班牙首次上市。随后，将于 2023 年在西班牙推出全切猪肉、牛肉、鱼和鸡肉的替代肉产品。该公司目前已筹集到 100 万欧元，用于实验室设置、专利提交、产品测试、工厂建设，以及产品的商业化渠道建设。

来源：FoodNavigator

细胞培养海产品获资本市场青睐

美国加州的一家细胞农业初创公司 Wildtype 正在通过鲑鱼细胞培养鱼肉产品，该公司开发了用于帮助鲑鱼肌肉组织和脂肪生长的支架，以复制野生捕捞鲑鱼的味道和口感。Wildtype 已经推出基于细胞培养的鲑鱼寿司实验产品，参与 Wildtype 细胞培养鱼肉味觉测试的品尝者称，基于细胞养殖的鱼肉和传统养殖的鱼肉在味觉上没有差异。目前，Wildtype 已完成 350 万美元种子融资，以及随后 1 250 万美元的 A 轮融资。

根据美国国家海洋和大气管理局（National Oceanic and Atmospheric Administration，NOAA）渔业 2020 年种群状况报告，鱼类种群正在经历严重的过度捕捞，深海拖网捕鱼可能释放到大气中的碳排放量相当于整个航空业释放到大气中的碳量，再加上全球人口的指数增长，都给野生和养殖海鲜供应链带来严重的危机。不少类似 Wildtype 的科技初创公司正在通过生物合成、基因编辑、细胞农业等技术，研发海产物的替代品。同在美国加州的生物技术初创公司 Finless Foods 在实验室内用蓝鳍金枪鱼的细胞样本培育鱼肉，BlueNalu 公司也专注于细胞培养鱼肉，新加坡初创公司 Shiok Meats 利用微观甲壳类细胞培养虾肉。这些公司均已完成数百万美元的种子融资以及上千万美元的 A 轮融资。

来源：The Takeout

西班牙初创公司开发生物合成食品3D打印技术

西班牙初创企业 Cocuus 开发了基于植物和基于细胞的生物合成食品的生物打印技术。研究团队对不同食物的形态结构进行分析，开发数学模型，对肉类和鱼类产品进行"形态塑造"，并利用3D打印和生物墨水对其进行再造。该公司的 3D 打印技术和喷墨打印技术目前已投放市场。Cocuus 的研发和商业化重点还包括 softmimic 技术，这是一种为养老院和医院的老年人提供的技术，可以将菜泥转化成类似真正食物的菜肴，如肉块，但较真正的肉类更易于吞咽。此外，Cocuus 还开发了打印牛脊肉和鲑鱼的第一个技术样机。

Cocuus 的商业模式侧重于其技术的销售和租赁，包括根据生产的产品数量支付专利权使用费，Cocuus 还销售消耗品，如生物墨水，并为客户提供研发和技术援助服务。该公司的 softmimic 技术重点客户群体为医院和疗养院，而生物打印等技术重点服务于以植物和细胞为基础的生物合成食品企业。Cocuus 2020 年的利润为 19.5 万欧元。预计 2025 年销售额将达到 740 万欧元，利润将达到 440 万欧元。

来源：FoodNavigator

菌类产品将成为替代蛋白市场的重要成员

替代蛋白质的全球市场正在快速增长，以菌类为主的食品创业公司几乎在一夜之间开始萌芽。根据彭博资讯发布的《植物性食品准备爆炸式增长》报告，到 21 世纪 20 年代末，植物性产品的全球市场可能超过 1 600 亿美元，占世界蛋白质市场的 7.7%。预计到 2030 年，植物性肉类替代品将超过 740 亿美元，高于目前的约 42 亿美元，在 Beyond Meat、Impossible Foods、Eat Just 和 Oatly 等行业巨头的推动下，市场发展势头强劲。不断增长的需求已经让几家主要的全球快餐汉堡连锁店把植物性替代蛋白选项列入菜单。

瑞典公司 Mycorena 计划使用真菌蛋白作为原料来帮助合作食品公司生产素食食品。其目的不是直接向消费者销售，而是提供原料、技术和专业知识，帮助食品公司创造基于真菌蛋白的肉类替代产品品牌。该公司已帮助一个瑞典品牌开发了一系列蘑菇蛋白肉丸、香肠和鸡块，并正在开发无肉培根等新产品。

澳大利亚的食品公司 Fable 利用蘑菇制造肉类替代品，使用真菌肉为澳大利亚连锁店 Grill'd 开发了素食汉堡。其产品可在澳大利亚多家零售商和餐厅购买，也出现在新加坡和英国的餐厅菜单以及送餐服务中。目前，该公司已完成 650 万澳元（约 480 万美元）的种子融资，计划于 2021 年年底进入美国市场。

芝加哥 Startup Nature 公司的 Fynd 发现了一种低碳生产真菌蛋白的方法，这种方法使用的是来自黄石国家公园的菌种。"Fy"菌类蛋白质可以在装有浅托盘的加热室中生长，不需要同行业竞争者使用的大型生物反应器。这种独特的生产方式吸引了投资者的兴趣。2021 年 7 月，该公司完成了 2.5 亿英镑的融资。

真菌蛋白并不仅限于生产肉类替代品。科罗拉多州的 MycoTechnology 公司将真菌制作成一种增味剂，可阻断人类舌头上的味觉感受器，掩盖与某些植物性蛋白质相关的苦味。该技术已用于 100 多种饮料，消除与人造甜味剂（例如阿斯巴甜）相关的令人不快的味道。该公司计划建立一个工厂，每年可生产 20 000 吨源自热带水果的真菌蛋白。

来源：World Economic Forum、WIRED、Bio Market Insights

日本推出基因编辑鱼肉量可增长60%

日本研发出基因编辑鱼，鱼肉可增长 60%。日本京都大学和近代大学的研究人员利用基因编辑工具 CRISPR 敲除红鲷受精鱼卵中一种限制肌肉生长的基因，即肌生成抑制蛋白。在不增加饲料的情况下，可使红鲷肌肉增长 20%～60%。为了确保基因编辑鱼不会与野生种群进行繁殖，基因编辑鱼被限制养殖在水箱中。9 月 17 日，日本厚生省裁定，由于没有向鱼类转入任何新基因（仅剔除了一种基因），因此不需要进行广泛的安全筛查。日本初创企业 Regional Fish 正在通过众筹平台接受此类基因编辑鱼的订单。

来源：Freethink

美国食品科技公司推出全球首个非动物源天然蛋白

近日，总部位于美国的食品科技公司 The Every Company 推出全球首个非动物源天然蛋白，名为 Every ClearEgg，提供了一种可用于食品和饮料的高可溶性、无色的功能性蛋白质。通过精确发酵，这种在不涉及动物的情况下制造出的多功能蛋清蛋白，相比畜牧业生产的动物蛋白，所需资源更少。

Every ClearEgg 可以达到蛋白质性能常见标准，如光学透明度和更中性的感官特征。经过 7 年开发，Every ClearEgg 能够为冷热饮料、酸性果汁、能量饮料、碳酸饮料、无糖饮料以及零食和营养棒提供几乎无味的蛋白质添加，也符合包括犹太食品、清真食品和无动物食品在内的标签声明。

The Every Company 目前已与全球最大的啤酒酿造商百威英博集团旗下的 ZX Ventures 建立了研发合作伙伴关系，这项合作开启了利用大规模精密发酵技术酿造非动物蛋白的可能性，加速了非动物蛋白的商业化。

来源：FoodIngredientsFirst

全球可食用食品包装材料最新技术及应用进展

随着世界范围内塑料污染的加剧，可食用包装作为一种环保包装替代品，正在获得更多的关注，对这一领域的研发也在明显增加。据 Packaging Insights 网站 10 月 27 日报道，英国大型餐饮电商 Gousto 正在试用一种由豌豆蛋白和马铃薯淀粉制成的可食用包装纸，用于包装浓缩肉汤冻和蔬菜高汤块。食物及其包装可以在放入热水后溶解，作为现有混合汤料袋的替代品。这种新材料预计每年可帮助该公司减少逾 17 吨的塑料使用量。

今年早些时候，俄罗斯和印度科学家发明了一种可溶于水、可食用的藻类食品包装薄膜，具有抗菌性，也可延长水果、蔬菜、家禽和海鲜的保质期，且 24 小时内可溶解 90%。英国设计专业的学生 Holly Grounds 用一种可食用和可溶解的马铃薯淀粉薄膜制作了方便面包装。德国可食用餐具公司 Wisefood 和 Spoonitable 都提供了由可可纤维和燕麦壳等升级回收材料制成的可食用餐具组合，推出了可食用冰淇淋勺、咖啡搅拌器、杯子和吸管。

来源：Packaging Insights

生物技术年报及分析

新西兰2020年农业生物技术年度报告摘要

12月13日，美国农业部海外农业局（USDA-FAS）发布了"新西兰2020年农业生物技术年度报告"。

科研方面，新西兰已经先后批准了21项包含多种生物技术作物和动物的农田试验。目前正在进行的生物技术研究有两项。在新西兰，基因工程产品受到1996年《有害物质和新生物法》（HSNO）的监管，并由环境保护局（EPA）管理。在EPA成立之前，环境风险管理局负责实施HSNO法。EPA的运作方式与新西兰政府对生物技术的谨慎态度相一致，只在收益大于预期风险的情况下才批准申请。

新西兰没有生物技术作物的商业种植。由于担心生物技术可能对销往海外的产品产生负面影响，农业组织和农民仍然对生物技术的使用持谨慎态度。

在新西兰销售的转基因食品必须得到澳大利亚和新西兰食品标准局（FSANZ）的批准。到目前为止，有78种经FSANZ批准的转基因食品可以上市销售。在新西兰出售的所有转基因食品都必须贴上标签。动物饲料没有涵盖在HSNO法案的范围内，可以进口到新西兰，因为新西兰的法律没有区分转基因饲料和非转基因饲料。用转基因饲料喂养的动物的肉类和其他产品不需要贴上标签。

使用微生物生物技术生产的食品成分与使用生物技术生产的动植物受统一的法律法规监管。

来源：USDA

欧盟2020年农业生物技术年度报告摘要

12月31日，美国农业部海外农业局（USDA-FAS）发布了"欧盟2020年农业生物技术年度报告"。主要内容如下：

（1）在科研方面，包括比利时、德国、匈牙利、意大利、荷兰、波兰、西班牙和瑞典以及英国在内的欧盟国家已采用基因编辑技术开发新的植物品种。例如，在比利时，一个研究财团正在开发抗晚疫病的顺化基因马铃薯；在荷兰，瓦赫宁根大学正在研究顺化基因马铃薯和苹果。然而，由于不确定的监管环境，成员国并未将这些新品种在欧盟进行商业化。

（2）欧盟唯一批准商业种植的转基因作物是 MON810 玉米。MON810 在玉米螟为害地区种植，而且只用作动物饲料。转基因玉米商业化种植的面积限制在欧盟玉米总面积的 1% 以内。2020 年欧盟转基因玉米种植面积下降了8.5%，降至 10.2 万公顷。种植国为西班牙（占总面积的 96%）和葡萄牙（占4%）。

（3）欧盟进口大量转基因饲料以满足其畜牧业需求。美国是欧盟大豆的主要供应国，其中大部分是转基因大豆。

（4）欧盟积极从事与动物生物技术有关的基础医学研究。一些成员国还进行了农业研究，着力于改善牲畜育种。由于消费者的接受程度低，因此没有用动物克隆或转基因动物生产食品。

（5）欧盟对转基因产品的批准过程包括科学风险评估阶段和风险管理阶段。前者由欧洲食品安全局（EFSA）执行，后者是欧洲委员会（EC）的职责。2020 年，仅 1 种转基因作物获得了完全的进口许可。目前，尚有 8 种转基因产品正在等待 2021 年的最终授权。

（6）2019 年 9 月，欧洲联盟通过了一项对《食品法通则》进行修订的法规，旨在提高风险分析过程的透明度，以及在此过程中开展研究的可靠性、客观性和独立性，加强欧洲食品安全管理局（负责执行风险评估的机构）的管理，提高资源利用效率。该法规将于 2021 年 3 月生效。

（7）2018 年 7 月 25 日，欧洲法院（ECJ）裁定，使用基因变异方法（即基因编辑技术）（NBTs）生产的产品，受《转基因生物指令》的监管。2019年 11 月，欧盟理事会要求欧盟委员会在 2021 年 4 月 30 日前提交一份关于欧盟新基因组技术现状的研究报告，以及一份关于如何规范 NBTs 的立法建议，或作为该研究后续行动所需的其他措施。

（8）欧洲法院还认定，欧盟成员国有权管理不受《转基因生物指令》约束的常规诱变（化学和辐射）所产生的有机体，只要这些行为遵守欧盟法律的总体义务，特别是商品的自由流动。2020 年 5 月，法国通知欧盟委员会，计划对使用化学或物理试剂进行体外随机诱变生成的有机体进行管控，以遵守法国国务委员会 2020 年 2 月的裁决。如果法国决定需要采取额外措施来执行欧洲法院的决定，美国对使用 NBTs 开发的农产品出口可能会受到负面影响。

来源：USDA

荷兰2020年农业生物技术年度报告摘要

2020 年 11 月 23 日，美国农业部海外农业局（USDA-FAS）发布了"荷兰 2020 年农业生物技术年度报告"。

在荷兰，目前没有转基因作物的商业化种植，预计未来 5 年内也不会有任何转基因作物的商业化种植。这种预期是基于有限的生产者利益、严格的审批规定、共存规定以及反对者和消费者的抵制。

荷兰是世界上最大的大豆和豆粕进口国之一。这些商品中含有转基因材料的份额尚未登记，但估计超过 85%。这些产品是其畜牧业投入品的重要来源。大豆及其衍生物的输出国为美国和巴西，豆粕的输出国为巴西和阿根廷。

荷兰不生产或出口国内生产的转基因作物或产品，但将其进口的转基因作物和产品转运到其他欧盟成员国，也将转基因材料再出口到非欧盟国家。

荷兰畜牧部门没有对转基因动物进行商业化生产，也没有以研究为目的的饲养行为。

2018 年 7 月 25 日，欧洲法院（ECJ）在指令 2001/18/EC 中做出裁决，对类似于转基因工程的创新生物技术（在欧盟称为新育种技术，也称为基因组编辑）进行立法。目前，欧盟委员会（EC）正在审查创新生物技术的现状，以及在何种程度上，欧盟法规必须进行修改以涵盖该技术。同时，EC 也提出了"从农场到餐桌"（F2F）策略，以减少养分排放、农药使用和温室气体排放。2020 年 6 月荷兰农业、自然与食品质量部部长指出，荷兰政府实现欧盟 F2F 战略目标的方法是采用循环农业模式，建立稳健的作物栽培体系，减少对农药的依赖，并安全使用生物技术。

在荷兰的政策创新议程中，基因组编辑被确定为可能用于提高植物虫害抗性、养分利用率和生物质产量的关键技术之一。荷兰政府制定了微生物生物技术创新议程，议程的重点是废液转化、食品添加剂和非食用物质的生产以及肉类替代品的生产。主要趋势是应用微生物生物技术作为生物经济的转化技术，用于生产生物燃料、生物化学物质和生物材料。

来源：USDA

法国2020年农业生物技术年度报告摘要

2021年1月12日，美国农业部海外农业局（USDA-FAS）发布了"法国2020年农业生物技术年度报告"。

法国对转基因作物的研究和种植予以限制，不生产来自基因工程或创新生物技术（基因组编辑）的农产品。法国进行农业生物技术的基础性研究，并在实验室中使用基因工程和创新生物技术。由于反对人士破坏了试验地块，法国没有进行田间试验。预计在未来几年内，不会有通过基因工程或基因组编辑生产的植物被商业化种植。

但是，法国政府批准进口转基因产品，进口转基因饲料主要是来自南美和美国的大豆和豆粕，以及来自加拿大的油菜籽。

法国的动物生物技术主要用于医学研究用途。法国政府反对在动物育种中使用生物技术。

2020年5月，法国通知欧盟委员会，为遵守法国国务委员会2020年2月的裁决，法国计划对使用化学或物理试剂进行体外随机诱变生成的有机体进行管控。包括美国在内的几个国家对法国的这一举动进行了抗议，如果法国决定需要采取额外措施来执行欧洲法院的决定，美国使用新植物育种技术（NBTs）开发的农产品对法国的出口可能会受到阻碍。

来源：USDA

阿根廷2020年农业生物技术年报摘要

2021年1月26日，美国农业部海外农业局（USDA-FAS）发布了"阿根廷2020年农业生物技术年度报告"。

一、生产方面

阿根廷仍然是继美国和巴西之后的全球第三大转基因作物生产国，种植面积约为 2 400 万公顷，占全球转基因作物总种植面积的 12%。

作为阿根廷最重要的经济作物，大豆的种植面积为 1 800 万公顷，其中 99.8% 为转基因大豆。阿根廷大豆产业的目标是出口。20% 的大豆作为全豆出口，而 80% 的大豆被碾碎后作为豆粕或豆油出口。大部分豆油和豆粕出口，剩下的一小部分（占总豆粕和豆油供应的 7%）直接投入本国的饲料行业。

二、政策监管方面

阿根廷于 2020 年 10 月 7 日正式批准 HB4 转基因抗旱小麦的种植和消费，这使该国成为全球第一个批准转基因小麦的国家。HB4 转基因小麦由阿根廷生化公司 Bioceres 和法国生物科学公司 Florimond Desprez 合资开发，其抗旱性状来自向日葵的 HB4 基因。由于对小麦出口风险的担忧，这一批准引发了小麦行业内部的担忧。此外，早在 2015 年，阿根廷已完成对 HB4 转基因抗逆大豆的监管流程，该大豆品种成为世界上首个获得批准的抗逆转基因大豆产品。

阿根廷政府继续更新其生物技术管理框架，总的来说，这些更新涵盖了新的育种技术（NBTs），包括基因编辑，并取消了对堆叠转基因品种单独审批的要求。这使该国在发展和创建生物技术企业方面具有较大优势。

种子版税支付制度的问题仍然存在。阿根廷法律允许农民保存种子，导致转基因种子的知识产权没有保障。近几年，立法机构建立的相关支付方案都没有得到成功的实施。

在动物基因组编辑方面有一项监管裁定。2020 年，阿根廷监管机构裁定，由一家阿根廷公司和一家美国公司（Recombinetics/Acceligen）的合资企业开发的具有耐热性和无角性状的基因编辑牛，将不会被视为转基因动物。

三、对华贸易方面

中国是全球大豆主要进口国，也是阿根廷转基因农产品重要的海外市场，因此中国对转基因农产品的进口批准一直是阿根廷对华贸易的首要工作重心。阿根廷政府规定只有获得中国进口许可之后，转基因大豆品种才可以在阿根廷国内进行商业种植和推广。自 2015 年以来，阿根廷政府只对转基因大豆和小麦产品给予过有条件的批准。以 DBN-09004-6 转基因大豆为例，2019 年 2 月，阿根廷生产及劳动部发放了 DBN-09004-6 转基因大豆（北京大北农生物技术有限公司开发）在该国的种植许可，但直到 2020 年 6 月 23 日，中国发布的《2020 年农业转基因生物安全证书（进口）批准清单》中包括该品种，这种转基因大豆品种才开始在阿根廷进行商业化种植。

来源：USDA

英国2020年农业生物技术年报摘要

2020 年 12 月 14 日，美国农业部海外农业局（USDA-FAS）发布了"英国 2020 年农业生物技术年度报告"。

英国已于 2020 年 1 月 31 日正式脱离欧盟。本报告发布时，英国正接近脱欧过渡期的尾声，英国政府表示，它没有计划改变从欧盟继承的"基因改造"条例和风险评估方法。英国环境、食品和农村事务最近表示，当涉及传统的"基因改造"（genetic modification）——从一种植物或动物身上提取基因，然后将其植入另一种完全不同的属——仍然存在伦理和食品安全问题。

然而，英国学术界和科学界长期以来一直认为，欧盟监管转基因生物的体系是一种"基于过程"的方法，其科学准确性不如采取"基于证据"的方法。英国利益相关者正在讨论如何将"转基因生物"的定义（目前根据英国《1990 年环境保护法》对其进行了定义）改为将简单的基因编辑应用程序排除在"转基因"法规的范围之外。

学术研究是英国农业生物技术的重点，目前没有转基因动植物投入商业生产。然而，英国畜牧业依赖进口的转基因饲料（大豆和玉米制品）。英国已经进口了克隆动物的胚胎或克隆动物后代的胚胎以及牛的精液（这些可能来自克隆或它们的后代）。此外，英国的大型食品制造商使用来自转基因微生物的产品作为配料，如香料、酶和食品加工助剂。

大多数英国公众以道德伦理为由反对克隆和转基因动物，并对与这些技术相关的动物福利问题较为敏感。针对不同的用途，公众对生物技术产品的意见有所不同，医疗应用（改良药物）是最能被接受的用途。

来源：USDA

WifOR发布欧洲生物技术产业经济报告摘要

WifOR 研究所是欧洲一家独立的经济研究机构，成立于 2009 年。受欧洲生物技术工业协会（EuropaBio）委托，2020 年 12 月，WifOR 研究所发布了一份题为《衡量欧洲生物技术产业的经济足迹》的报告。报告对 28 个欧盟成员国 2008 至 2018 年期间生物技术产业发展进行了分析，目的是评估并量化生物技术产业在欧洲企业研究和制造领域产生的经济影响。

报告指出，工业生物技术产业已经是欧洲创新的核心支柱，并将成为向更可持续和更具竞争力的循环生物经济过渡的关键推动力。医疗生物技术产业深刻改变了医药市场，新的先进疗法和基于生物技术的治疗方案不断涌现。但同时，农业生物技术产业受限于欧盟复杂和僵化的政策框架，投资环境不佳，对 GDP 的贡献率很低。

报告认为，生物技术产业的快速发展得益于受过良好教育的劳动群体和运转有序且无障碍的欧盟内部市场。但一旦受到诸如新冠肺炎疫情导致的短期市场干预，可能会对欧洲生物技术产业的生态系统产生不利影响。因此，发展生物技术产业，不仅要考虑产业的直接影响，还要考虑其与欧洲经济高度互联互通和一体化。

报告表明，生物技术产业具有变革产业的所有特征：高于平均的增长率；长期高价值就业；持续增加的研发活动；高度创新的产品；更高效的制造工艺；因全球竞争力产生的贸易顺差以及提供应对全球挑战的新解决方案等。

报告从 5 个方面阐述了生物技术产业对欧盟经济的影响。

1. 总增加值效应（GVA effects）

2018 年，包括溢出效应（Spillover effects）在内，欧盟生物技术产业对 GDP 的贡献总额为 787 亿欧元，相当于欧洲传媒业的规模。其中，直接贡献额为 345 亿欧元，约占欧洲工业部门总增加值的 1.5%。除 2009 年金融危机外，生物技术产业自 2008 年以来稳步增长。其中，医疗生物技术产业平均增长率为 4.3%，农业生物技术产业为 3.8%，工业生物技术产业为 2.9%，均高于整体经济增长率（1.8%）。

2. 劳动生产率（Labour productivity）

作为高效率和资本密集产业，2018 年欧盟生物技术产业人均 GVA 为 15.45 万欧元，超过了电信部门（10.21 万欧元）和金融保险行业（11.88 万欧元），并远远高于制造业（6.88 万欧元）和整体经济水平（5.95 万欧元）。其中，医疗生物技术产业人均 GVA 为 17.02 万欧元，工业生物技术产业为 10.34 万欧元，农业生物技术产业为 3.05 万欧元。

3. 就业效应（Employment effects）

2010—2017 年，生物技术产业直接就业人数相对稳定在 18 万至 19.2 万人之间。2018 年，直接就业人数迅速增加到 22.3 万人，并通过间接和诱导效应（Induced effects）在整个经济中创造了 71.05 万个就业机会。按照就业乘数理论，生物技术产业每增加 1 个就业岗位，就能为整个经济创造 3.2 个就业机会，属于中上水平。其中，工业生物技术产业就业乘数为 4.2，医疗生物技术产业为 3，而农业生物技术产业为 0.6。2008—2018 年生物技术产业的平均就业增长率为 2.6%，而欧盟平均就业增长率仅为 0.2%。

4. 贸易

过去 10 年里，高度国际一体化的生物技术产业为欧盟创造了巨大的贸易顺差。2008—2018 年欧盟生物技术产业的年均出口增长率为 8.4%，到 2018 年出口额达到 450 亿欧元，是 2009 年金融危机时的 2 倍。同期，生物技术产业的进口额几乎翻了一番，从 116 亿欧元增加到 226 亿欧元。2018 年，生物技术产业贸易顺差约为 223 亿欧元。

5. 研发影响

生物技术产业年均增长率为 4.1%，增长速度是欧盟通信部门（2.0%）和整体经济（1.9%）的 2 倍以上，成为欧洲增长最快的创新产业之一。2018 年，欧盟生物技术产业对 GDP 的直接贡献达到约 27 亿欧元，其中，医疗生物技术产业贡献 25 亿欧元，工业生物技术产业贡献 2 亿欧元。

欧盟生物技术产业 10 年的快速发展，不仅为欧盟经济发展做出了巨大贡献，还催生了大量新的工作岗位，解决了就业问题，产生了良好的经济和社会效果，并逐渐成为引领创新的朝阳产业。但同时，严苛的农业监管政策限制了转基因作物的研发投资，农业生物技术产业发展缓慢。

来源：EuropaBio

联合国2021农业技术报告摘要

联合国于近期发布的《2021年可持续发展农业技术报告》围绕新兴技术分析了技术发展趋势、潜在收益、风险和不确定性，并提供出有前景的技术示例，旨在促进可持续发展农业食品系统的转型。报告中提及的技术趋势及关键进展如下。

一、生物技术

农业生物技术在一系列领域提供惠益，在应用农业生物技术加强粮食安全和营养方面，机构和人员的能力稳步提高。基因组编辑使研究人员能够快速、廉价、准确地改变几乎任何生物体的DNA。然而，管理这些技术和协调各国治理的政策和立法一直滞后，这些技术向发展中国家传播的速度也较慢。

使用数字序列信息的获取和惠益分享制度正在激烈讨论之中。下一代测序可对遗传变异进行评估并扩大DNA序列数据库和生物信息学工具。这些反过来可以支持基于具体特征的基因组选择、微生物监测和诊断，以预防性畜疾病。

此外，虽然合成生物学的潜力是不可否认的，但缺乏解决安全和公平问题的有利政策制度。

二、数字技术

数字技术的激增和手机的普及，加上云计算、遥感、物联网、人工智能、机器学习和数据分析等领域的进步，为小规模农业的创新创造了机会。区块链技术、二维码和射频识别等技术提高了食物的可追溯性，便于在需要时高效召回，减少了食物浪费并提高了价值链的透明度。物联网、人工智能、机器学习、大数据以及 5G/6G 和量子计算等下一代技术，可以为小规模生产商和其他利益攸关方提供实时数据和高级分析，为决策提供信息、提高生产率并提供天气警报以提高气候抗御力。

数字技术使畜牧业生产发生了革命性的变化，通过实时识别和跟踪动物行为模式，预测和预防疾病，同时设计最佳营养构成。数字技术可成为农村改造的关键驱动力。然而，如果管理不当，可能会因为数据误差而导致市场集中、技术依赖或环境破坏。

数字鸿沟仍然存在。在低收入和中等收入国家推广数字技术面临的一些挑战包括连通性有限、缺乏认知、监管差距、数据治理问题以及文化背景方面的困难。

三、可再生能源和其他绿色技术

向使用高效和可持续能源的能源智能型农业粮食系统过渡至关重要。能源智能型农业粮食系统不仅可以节约能源，甚至可以利用能源和粮食的双重关系生产能源。例如，雨水集蓄、太阳能食品干燥机、绿色肥料和粮食生物保护（food bioconservation）有助于节约水和能源并减少浪费。生物能源和粮食安全之间的联系很复杂，因为虽然它们具有协同效应，但也会争夺包括土地在内的资源。需要采取综合办法来处理这些联系，并通过高效和可持续的资源分配，可持续地促进粮食和燃料的生产。

四、机械化

机械化可以为畜禽生产提供解决方案，可以在动物疾病的预防和控制方面发挥重要作用。机械化有助于消除病原体、阻断传播途径和加强生物安全。新冠肺炎疫情大流行凸显出应对人畜共患病的重要性，特别是在历史上发病率较高的亚太地区。机械化方法还可以提高养殖效率，改善畜产品品质。

此外，有限的互联网接入和语言藩篱仍然是农业机械化的一个挑战。

五、食品加工技术

食品加工部门必须遵守可持续性原则，以确保资源效率、最大限度地减少浪费并使用环保包装材料。加工必须严格保证食品安全，具备快速、高通量的安全评价技术。传感器技术、低温等离子体技术、可持续包装、制冷气候控制、非热巴氏杀菌和灭菌以及纳米和微型技术是可持续性食品加工技术中的创新方向。

确保可持续性的战略方法侧重于健康的产品组成、开发新的保鲜产品的替代品、延长新鲜产品的保质期、高效利用资源的加工方法、植物性肉类替代品以及生产农业副产品的创新工艺和生物工艺。

来源：IISD